Phänomenologie und Metaphysik der Zeit

© 2013 Lulu. Alle Rechte vorbehalten.
ISBN 978-1-291-51302-8

Johannes Volkelt – Phänomenologie und Metaphysik der Zeit

C. H. Beck'sche Verlagsbuchhandlung, München 1925.

VORWORT

Fragen, die mich seit früher Jugend bewegt und beunruhigt haben, werden auf den folgenden Blättern zu zusammenhängender Behandlung gebracht. Doch habe ich bis vor nicht allzu langer Zeit teilweise in wesentlich anderer Richtung die Lösung der Schwierigkeiten gesucht, die in den hier zur Erörterung herangezogenen Problemen liegen. So ist es denn in der Hauptsache das Ergebnis eines in hohen Jahren gepflogenen Nachdenkens, was ich hier dem Leser darbiete. Ich glaube: die Reife des Lebensabends ist so recht geeignet, dem Zeit-Problem mit seinen Dunkelheiten, Paradoxien und Antinomien einsichtsvoll gerecht zu werden.

Bad Kösen, Ostersonntag 1925

Johannes Volkelt

INHALTSVERZEICHNIS

Erster Teil:

PHÄNOMENOLOGIE DER ZEIT

I. Die Zeit als phänomenologisch-psychologisches Problem	3
II. Die Zeit als ein Implizite-Gegebenes	9
III. Die Dreischichtigkeit der Zeit-Gegebenheit	12
IV. Das Bewußtsein des Ich von seiner eigenen Stetigkeit	19
V. Das Jetzt als Ausdehnungsminimum	29
VI. Erste kritische Einschaltung	40
VII. Die Zeit-Gegebenheit ist nicht ins Endlose teilbar	48
VIII. Die Geschwindigkeit des Zeitverfließens als solchen. Das Unkonstante des Zeitminimums	54
IX. Die Absolutheit des Jetzt	62
X. Die Umspannungsweite der Zeit	75
XI. Zweite kritische Einschaltung	88
XII. Die empirische Überwindung der Zeit	94
XIII. Zeitvorstellung und Zeitanschauung	103
XIV. Die Vorstellung des Früher und Später	110
XV. Dritte kritische Einschaltung	115
XVI. Zeit und Zahl	121

Zweiter Teil:

METAPHYSIK DER ZEIT

XVII. Das zeitliche Gepräge der transsubjektiven „Natur" 141

XVIII. Anfang und Ende der Zeit 154

XIX. Das zeitlose Geschehen 163

XX. Die Urschau der Zeit 173

XXI. Die Zeit und der Sinn des Lebens 188

[1] ERSTER TEIL – PHÄNOMENOLOGIE DER ZEIT

[3] I. DIE ZEIT ALS PHÄNOMENOLOGISCH-PSYCHOLOGISCHES PROBLEM

1. Das Zeit-Problem verlangt eine Behandlung unter höchst verschiedenen Gesichtspunkten. Zunächst wird man vielleicht an die experimentell-psychologische Untersuchung der Zeitvorstellung denken. Wenn man von Zeitsinn, Zeitgedächtnis, Zeitschwelle, Zeittäuschung, Zeitschätzung spricht, so sind damit Fragen angedeutet, die der experimentellen Forschungsmethode unterliegen. Man braucht etwa nur Wundts Psychologie aufzuschlagen, um zu sehen, welch ein weitschichtiges Untersuchungsgebiet sich hier auftut.

Sodann taucht das Zeit-Problem in der Erkenntnistheorie auf. Auf welcherlei Geltung hat das Zeitbewußtsein Anspruch? Dies ist eine Frage erkenntnistheoretischer Natur. Jedermann kommt hierbei vor allem Kant in den Sinn: nicht nur die transzendentale Ästhetik, sondern auch seine Lehren vom Schematismus der reinen Verstandesbegriffe und von der ersten Antinomie zeigen, welch entscheidende Bedeutung für den Aufbau von Kants Transzendentalphilosophie der Zeitanschauung zukommt. Hiermit verwandt ist es, wenn versucht wird, ausschließlich auf den Grundlagen der Logik, wozu dann noch die Mathematik treten kann, das Zeitproblem einer Lösung zuzuführen[1].

Des weiteren ist es die Naturphilosophie, die unabweislich auf das Zeit-Problem hinführt. Schon die einfache Frage: was bedeutet die Zeit für die bewußtseinsunabhängige Körperwelt? gehört der Naturphilosophie an. Ist das den sinnlichen Wahrnehmungsinhalten entsprechende transsub-[4]jektive Sein als zeitliches Geschehen aufzufassen? Darf der Begriff des Unendlichen auf die transsubjektive Zeitform angewandt werden? Auch drängt sich die Frage nach dem Verhältnis der transsubjektiven Zeitform zu der transsubjektiven Raumform auf. Kurz eine Fülle naturphilosophischer Erwägungen und Spekulationen knüpft sich an den Zeitbegriff. Gerade in der Gegenwart wurde durch Einsteins Relativitätstheorie die naturphilosophische Seite des Zeit-Problems in überraschender Weise aufgerollt. Die naturphilosophische Erörterung aber treibt von selbst in die Metaphysik hinüber. Wirft man die Frage auf, was die Zeit letztgültig für das Sein bedeu-

---

[1] So ist es bei Natorp (Die logischen Grundlagen der exakten Wissenschaften, 1910; S. 163).

te, so steht man mitten in Metaphysik. Ist das ursprüngliche Sein, ist die Welt in ihrer letzten Tiefe zeitlich oder überzeitlich? Und wie verhält sich das Ewige zum Zeitlichen? Dies sind zweifellos metaphysische Fragen. Jede Metaphysik hat es, in der einen oder anderen Weise, mit dem Zeit-Problem zu tun.

2. Was ich in den Abschnitten des ersten Teiles biete, bewegt sich nach keiner der hiermit angedeuteten Richtungen. Meine Aufgabe ist zunächst weit weniger voraussetzungsreich, weil mehr abgelöst von wissenschaftlichen Ergebnissen, die zuvor anerkannt werden müßten; sie schließt sich an das Allernächste an. Ich will lediglich das, was uns unmittelbar als Zeit gegeben ist, ins Auge fassen, um es in seine Grundzüge auseinanderzulegen, es in seinem Gefüge zu durchschauen. Es handelt sich also um Beschreibung, Zergliederung, Zusammenfassung der Zeit-Gegebenheit unter dem leitenden Gesichtspunkt des Wesensgefüges. Ich ziele also von vornherein nicht darauf hin, zu erschließen, was unabhängig von unserem Bewußtsein die Zeit bedeute. Nur das Zeit-Innesein, nur das von unserem Bewußtsein als Zeit Erlebte ist der Gegenstand der Betrachtungen des ersten Teiles. Erst im zweiten Teile werde ich mich den Problemen zuwenden, die sich an die transsubjektive Zeitform knüpfen. Dort will ich die Grundlagen einer Metaphysik der Zeit zu geben versuchen. Und ich glaube, daß der Metaphysik der Zeit aus der vorausgegangenen Zergliederung der Zeit-Gegebenheit mancher Vorteil erwachsen wird. Wenn so die Struktur der Zeit-Gegebenheit der nächste Gegenstand der folgenden Betrachtungen ist, so ist damit auch ihr Verhältnis zur Psychologie bestimmt. Wer eine eigentümliche phänomenologische Wesensschauung für möglich hält, wird die Beschreibung des Grundgefüges der Zeit-Gegebenheit zweifellos der „Phänomenologie" zurechnen. Da es aber nach meiner Auffassung so etwas wie ein „eidetisches" Schauen, wie ein unmittelbares Zur-Gegebenheit-Werden der überempirischen Wesenheit nicht gibt[2], so fällt jene Beschreibung in den Umfang der Psychologie hinein. Zu dem Aufgabenkreis der Psychologie gehören auch die Beschreibungen, Zergliederungen, Verknüpfungen, die sich auf das wesenhafte Grundgefüge unseres Bewußtseins beziehen. Immerhin darf man diesen grundlegenden Teil der Psychologie in Anpassung an den gegenwärtigen Sprachgebrauch als phänomenologische Psychologie

---

[2] In meinem Buch „Gewißheit und Wahrheit" (1918) findet sich diese ablehnende Haltung gegenüber dem eidetischen Schauen ausführlich begründet. Besonders verweise ich auf den Abschnitt über die phänomenologische Gewißheit (S. 433ff.).

bezeichnen. Ich will mich gleichfalls dieser Bezeichnung bedienen. Auch werde ich abgekürzt von der „Phänomenologie der Zeit" reden, meine damit aber immer nur die psychologische Beschreibung des Wesensgefüges der Zeit-Gegebenheit[3].

[6]   Es versteht sich von selbst, daß dieser Teil der Psychologie mit der experimentellen Methode nichts zu schaffen hat. Nur auf dem Wege der unmittelbaren Selbstbesinnung, der Rückwendung des Bewußtseins in sich selbst hinein, können Aussagen über die Struktur des Bewußtseins erzielt werden. Ebenso steht die phänomenologische Psychologie allem erklärenden Verfahren ferne: sie schreitet nicht an dem Leitfaden der Kausalität vorwärts. So werden auch die folgenden Betrachtungen nicht nach den Ursachen und Triebkräften der Erscheinungen fragen, die im Bereiche des Zeitbewußtseins entspringen. Nicht also wird beispielsweise gefragt werden, ob und inwieweit durch den Rhythmus der Gehörseindrücke die Zeitvorstellung eine Durcharbeitung erfahre; oder wodurch Täuschungen über den Zeitverlauf entstehen. Es soll einfach festgestellt werden, was uns das Bewußtsein als Zeit-Gegebenheit aufweist[4].

Die phänomenologische Psychologie richtet ihre Aufmerksamkeit auf das Seiende, Bleibende, Stehende im Bewußtsein. Sie geht nicht auf den Wechsel der Bewußtseinsvorgänge ein und fragt also auch nicht nach den Beziehungen, gemäß denen sich die Veränderungen im Bewußtsein geordnet und verknüpft zeigen. Dies gilt auch von der Phä-[7]nomenologie des Zeitbewußtseins. Obwohl die Zeit, wenn ich so sagen darf, die Quintessenz des Werdens, die Unruhe des Werdens in seiner reinsten, nacktesten Form ist, richtet sich die Phänomenologie des Zeitbewußtseins doch nicht auf die wechselnden Inhalte innerhalb dieses Werdens, sondern auf die bleibenden,

---

[3] Nach dem Sprachgebrauch der Gegenstandstheoretiker würden die folgenden Untersuchungen als zur „Gegenstandstheorie" gehörig angesehen werden. So sagt Vittorio Benussi, ein Schüler Meinongs, gleich zu Beginn seines Werkes „Psychologie der Zeitauffassung" (1913): „Mit der Zeit selbst hat sich die Gegenstandstheorie zu befassen" (S. 3). Benussi verfolgt in seinem Werke ein anderes Ziel. Er will die „Analyse der Zeitvorstellung selbst" nicht geben, sondern lediglich „ermitteln, durch welche inneren Geschehnisse die verschiedenen Beziehungen zwischen subjektiver, erfaßter und objektiver, tatsächlicher Zeit ermöglicht werden" (S. 5). Somit liegt die Aufgabe, die ich mir stelle, abseits von Benussis Untersuchungsgebiete.

[4] Die Aufgabe, die ich mir stelle, ist sonach dem Ziele verwandt, das Max Frischeisen-Köhler bei seinen Untersuchungen über die Zeit in seinem Werke „Wissenschaft und Wirklichkeit" im Auge hat (1912, S. 202ff.). Er will lediglich das „elementare Zeitbewußtsein" unter strenger Fernhaltung der objektiven und mathematischen Zeit zergliedern.

stehenden Grundzüge dieser Form alles Werdens, auf die den Zeitverfluß wandellos durchherrschende Struktur.

So wird das Folgende natürlich auch von allen Fragen der Entwicklung absehen. Wie sich der Zeitsinn im Kinde entwickelt, welchen Einfluß etwa die Wandlungen der Kultur auf ihn haben, wie er sich bei verschiedenen Völkern gestalten mag: diese und ähnliche Fragen bleiben bei Seite. Im Alter von siebzig Jahren ist der Zeitsinn anders geartet als in der frühen Kindheit oder im Jünglingsalter. Ein Volk mit alter Kultur und weit zurückreichendem Kulturgedächtnis hat einen anders entwickelten Zeitsinn als ein jugendliches Volk oder als eine kulturlos dahintaumelnde Menschenmasse. Auf derartige interessante Fragen einzugehen, muß das Folgende Verzicht leisten.

3. Wenn ich die Zeitgegebenheit, das Zeiterlebnis, das Innesein der Zeit als Gegenstand der folgenden Analysen bezeichnete, so ist damit zugleich gesagt, daß es nicht die Zeit-Vorstellung ist, womit ich es zunächst zu tun haben werde. Die Zeitvorstellung verhält sich zum Zeiterleben wie Mittelbares zum Unmittelbaren. Aus dem Zeitinnesein entsteht die Zeitvorstellung dadurch, daß zu jenem unmittelbaren Zeitinnesein das erinnerungsmäßige Vorstellen des Vergangenen und das phantasiemäßige Vorstellen des Zukünftigen hinzutreten. Auf diesem Wege entsteht, wie wir weiterhin (im dreizehnten und vierzehnten Abschnitt) sehen werden, eine Ausgestaltung des subjektiven Zeit-[8]erlebens. Der Verlauf der Zeit steht als ein Geordnetes, Verknüpftes vor unserem Bewußtsein. Wir lösen den geordneten, ausgestalteten Zeitverlauf von unserem Zeitinnesein ab. Er wird uns zum vorgestellten Objekt. Die Zeitvorstellung also bleibt zunächst völlig bei Seite.

Ohne Zweifel hat in gewissem Sinne auch das Zeiterlebnis als solches eine subjektive und eine objektive Seite an sich. Diese Zweiseitigkeit teilt sie mit jedem Erlebnis, mit jedem Innesein. Objektiv an dem Zeiterlebnis ist eben die erlebte, erfaßte, uns zur Gewißheit gewordene Zeit. Sie ist der Inhalt des Zeiterlebens. Und das Subjektive liegt in der Bewußtseinshaltung des Erlebens, des Inneseins, des Gewißseins. Dieses Subjektive und jenes Objektive bilden eine untrennbare Einheit im Bewußtsein. Sie sind die unselbständigen Seiten an einem und demselben Erlebnis. Schon sprachgefühlsmäßig drückt das Wort „Erlebnis" Beides aus: den unmittelbar erlebten Inhalt und die subjektive Haltung des Innewerdens, des Erlebens. Die folgenden Untersuchungen betreffen das ganze Zeit-„Erlebnis": das Objektive und das Subjektive daran. Man sieht: die objektive Seite am Zeiterlebnis als solchem ist etwas gänzlich Anderes als die geordnete, verknüpfte, ausgestaltete Zeitvorstellung. Hiermit steht es nicht im Widerspruch, wenn ich das Ziel der folgenden Betrachtungen in der Gewinnung des Zeit-Begriffes sehe. Denn es handelt sich, wie dies bei einer wissenschaftlichen Untersuchung selbstverständlich ist, um die Herausarbeitung des wesenhaften Gefüges des Zeiterlebnisses. Das Bleibende und Allgemeingültige im Zeiterlebnis soll Stück um Stück aus ihm herausgeholt werden. Die Zusammenfassung der wesenhaften Züge des Zeiterlebnisses aber darf der Begriff der Zeit heißen.

[9] II. DIE ZEIT ALS EIN IMPLIZITE-GEGEBENES

1. Ich frage mich: wie bietet sich meinem Bewußtsein die Zeit unmittelbar dar? Finde ich die Zeit als etwas für sich Vorhandenes, geschieden von den anderen Bewußtseinsgegebenheiten, ähnlich wie sich mir (so scheint es sich mindestens zunächst zu verhalten) das Farbige oder das Tönende darstellt? Nirgends und niemals, so sage ich mir, habe ich noch die Zeit als einen besonderen, für sich gegenwärtigen Inhalt meines Bewußtseins vorgefunden. Stets tritt mir die Zeit an anderen Inhalten meines Bewußtseins entgegen: an den Bewegungen der arbeitenden Maschine, an dem Flug eines Vogels, an dem Rhythmus eines Liedes, an dem Wechsel meiner Gefühle, an dem schwerfälligen oder munteren Gang meiner Gedanken. Stets ist die Zeit in den kommenden, verweilenden, verschwindenden Inhalten des Bewußtseins mitgesetzt, ihnen gleichsam eingeschmolzen. Nicht die reine Zeit, sondern immer nur die gefüllte Zeit, nur Zeitgebilde werden mir gegenwärtig[5]. Doch liegt hierin keineswegs ein unübersteigliches Hindernis für Isolierung der Zeit. Ich bin durchaus imstande, von den Inhalten, die in der Zeit verlaufen, abzusehen und allein auf die zeitliche Seite an ihnen meine Aufmerksamkeit zu lenken. Ein solches künstliches Isolieren durch Hinwenden der Aufmerksamkeit auf eine Seite, ein Moment, eine Bestimmtheit an einem verwickelten Bewußtseinsganzen ist ein durchaus gewöhnliches, allverbreitetes Verfahren in der Psychologie. Die Selbstbesinnung konzentriert sich eben dann auf die so herausgehobene Seite. Das Zergliedern

---

[5] Mit Recht hebt dies Anton Marty als einen entscheidenden Zug an der Zeit hervor (Raum und Zeit, 1916, S. 234, 239 f.). Ebenso William James, Psychologie; übersetzt von Marie Dürr (1909), S. 282.

und Beschreiben dieser iso-[10]lierten Seite mag oft mit Schwierigkeiten verknüpft sein. Aber unmöglich ist es keineswegs.

2. Bei genauerer Überlegung stellt sich indessen der Gegensatz zwischen dem Zeitbewußtsein und etwa der Farbenempfindung nicht als so schroff dar, wie es zunächst erscheint. Denn auch die Farbenempfindung bietet sich mir nicht für sich allein dar. Von allem Feineren abgesehen ist in dem Farbig-Gegebenen immer auch schon ein Räumliches enthalten. Farbiges, Lichtes, Dunkles ohne räumliche Erstreckung ist ein Unding. Und wäre der farbige Punkt auch so klein, daß er an der Grenze des Empfindbaren stünde: ausgedehnt ist er doch. So kommt also auch die Gegebenheit des Farbigen als solche erst durch ein Absehen von der Raumwahrnehmung zu Stande. Sie ist in diesem Sinne eine Abstraktion. Aber auch die zeitliche Erstreckung ist dem Farbig-Gegebenen unablösbar einverleibt. Und wäre eine Farbenempfindung für mich auch nur einen Augenblick vorhanden, so besteht sie doch für mich in der Form einer zeitlichen Erstreckung. Wir werden weiterhin sehen: ein absolutes Jetzt gibt es nicht für unser Bewußtsein; das Jetzt als ein im Bewußtsein Erlebtes hat eine gewisse zeitliche Erstreckung. Von dieser (wenn auch noch so kleinen) zeitlichen Erstreckung muß die Farbenempfindung, wenn ich sie in ihrer Reinheit vor mein Bewußtsein bringen will, abgelöst werden. Also auch der Empfindungsinhalt des Farbigen weist kein Fürsichbestehen in meinem Bewußtsein auf, sondern muß erst künstlich isoliert werden.

3. Immerhin liegt ein bedeutsamer Unterschied zwischen der Zeit und den Farben- und ebenso allen übrigen Empfindungs-Inhalten hinsichtlich ihres Nicht-Fürsichbestehen-könnens vor. Die Zeit tut sich mir als ein Implizite-Gegebenes kund: sie kommt nur als ein dem Farbigen, Tönenden, Ge-[11]tasteten, Geschmeckten, Gerochenen Eingeschmolzenes zu Bewußtsein. Es wäre dagegen eine völlig verkehrte Bezeichnung des Tatbestandes, wenn man sagen wollte, daß die Farbe oder der Ton als ein in und mit der Zeit implizite Gegebenes empfunden werde. Farbe, Ton, Geruch werden vielmehr als ein verhältnismäßig Selbständiges empfunden, in dem der Zeitverfluß implizite mitgesetzt ist. Niemand dagegen wird sagen, daß er den Zeitverfluß als etwas Selbständiges empfinde, dem das Farbige, das Tönende, das Gerochene eingeschmolzen wäre. Unmittelbar macht sich dieser Sachverhalt dem Bewußtsein darin spürbar, daß sich die Empfindungsinhalte dem Ich vermittlungslos, scheidewandlos darbieten, sich ihm als eine nicht zu überbietende Gegenwart aufdrängen, zu ihm die Stellung des Vor-

dersten, des Allernächsten haben, während die Zeit nur ein an und in dem Empfindungsinhalt Mitgespürtes ist.

4. Nebenbei bemerkt: die Raumanschauung nimmt eine gewisse mittlere Stellung ein. Wie die Zeit, so ist auch der Raum nicht für sich wahrnehmbar. Für das Sehen ist jedes Raumstück nur als licht- oder dunkelerfüllt und nur als farbig-umschlossen vorhanden. Mit diesem zweiten Ausdruck soll gesagt sein, daß sich jedes Raumstück für mein Sehen nur dadurch aus seiner Umgebung heraussondert, daß es gleichsam an farbige Wände anstößt, an farbigen Flächen seine Begrenzung hat. Und der Tastraum besteht für uns nur an und in den Empfindungsinhalten des Harten und Weichen, Rauhen und Glatten, Trockenen und Feuchten, Schweren und Leichten und an und in den mannigfaltigen Bewegungsempfindungen. Aber er ist doch nicht ein nur Implizite-Gespürtes, nicht ein nur Mit-zu-Bewußtsein-Kommendes wie die Zeit; sondern es besteht eine Art Gleichgewicht zwischen dem Raum und den Empfindungs-[12]inhalten. Ich will sagen: den Raum erfahren wir ebensosehr als in den Licht- und Farbeninhalten implizite enthalten wie diese als in den Raum eingeschmolzen. Keiner von beiden Seiten kommt ein Übergewicht zu. Licht und Farbe einer- und Raum anderseits treten vor das Bewußtsein ungefähr mit gleicher Unmittelbarkeit, Gegenwärtigkeit und Eindringlichkeit hin.

Es hängt dieser Unterschied zwischen Raum und Zeit damit zusammen, daß uns der wahrgenommene Raum unmittelbar als uns von außen gegeben erscheint; es haftet ihm der Eindruck der Außenweltlichkeit, das Gepräge der Transsubjektivität an. Der Raum steht hierin mit Licht, Farbe, Ton, Geruch usw. auf gleicher Stufe. Vom Standpunkt des Bewußtseins (nicht der Physiologie) aus ist für alle Empfindungsinhalte der Eindruck der Transsubjektivität charakteristisch. Ich mag eine farbige und tönende Außenwelt noch so sehr für ein Unding halten: nichtsdestoweniger sehe ich die Farben und höre ich die Töne unwidersprechlich als Außenwelt, als etwas mir transsubjektiv Dargebotenes. So kommt auch der Raum gleichsam aus der transsubjektiven Sphäre an mich heran. Von der Zeit gilt dies nicht: zum Zeitlichen gehört der Eindruck des Transsubjektiven nicht als eine wesentliche Seite. Wenn Kant den Raum als die Form des äußeren, die Zeit als die des inneren Sinnes bezeichnet, so zielt dies im Grunde auf diesen Unterschied hin. Ich trage daher auch kein Bedenken, von Raum-Empfindung zu sprechen, während mir der Ausdruck „Zeit-Empfindung" als unangemessen erscheint. Hiervon wird sogleich weiterhin noch zu sprechen sein.

III. DIE DREISCHICHTIGKEIT DER ZEIT-GEGEBENHEIT

1. Bisher war von der Zeit fast nur als einem Implizite in den Empfindungsinhalten die Rede. Doch wird uns die Zeit [13] auch als eingeschmolzen in die sämtlichen übrigen Bewußtseinsinhalte spürbar. Mag es sich um Erinnerungs-, Phantasievorstellungen, Gefühle, Affekte, Begehrungen, Gedanken, Wollungen handeln: unabtrennbar ist die Zeit ein Mit-Bewußtes.

So haben wir also gleichsam zwei Schichten von Zeitlichkeit: die den Empfindungsinhalten (wozu ich jetzt auch das Räumliche rechne) und die den übrigen Bewußtseinsinhalten eingeschmolzene Zeit. Dabei tritt ein bedeutsamer Unterschied hervor. Die Zeit, die sich uns in den Empfindungsinhalten (samt dem Räumlichen) mit darbietet, nimmt von diesen Inhalten das Gepräge der Transsubjektivität an. Wie für mich Licht, Farbe, Gestalt, Ton unmittelbar und unausrottbar den Charakter des Außenweltlichen hat, so auch die darin mitbewußt gewordene Zeit. Indem sich mir die Gesichtserscheinung eines vorüberfahrenden Wagens als ein außenweltliches Geschehen darbietet, gibt sich mir auch die darin mitbewußt gewordene Zeit als einen transsubjektiven Verfluß. Dagegen hat die Zeit, sofern sie mir an meinem Vorstellen, Fühlen, Wollen mit zu Bewußtsein kommt, lediglich intrasubjektiven Charakter. Sie gibt sich mir als einen Verlauf innerhalb meines Ich. Dort nimmt sie etwas von Empfindungscharakter an; hier ist sie etwas, dessen ich nur in mir selbst inne bin. Daher darf das Zeitbewußtsein nicht, wie dies Mach getan hat[6], schlechtweg als Empfindung bezeichnet werden.

[14] Eine Zwischenbemerkung dürfte hier am Platze sein. Selbstverständlich soll nicht gesagt sein, daß wir, indem wir empfinden, vorstellen, denken, fühlen, uns immer auch deutlich und mit Aufmerksamkeit die Zeit vergegenwärtigen. Zweifellos können wir auf die uns in den Bewußtseinsinhalten mit-gegebene Zeit unsere Aufmerksamkeit richten und so die Zeit für uns herausheben. Dann haben wir ein den Inhalten des Bewußtseins eingeschmolzenes, einverleibtes Moment gleichsam unter den Lichtstrahl der

---

[6] Ernst Mach, Beiträge zur Analyse der Empfindungen, (1886), S. 103ff. Nebenbei: nach Mach soll der Ursprung der Zeitempfindung in der „stetig wachsenden Arbeit der Aufmerksamkeit" liegen. Von allem anderen abgesehen, ist diese Ansicht schon darum unhaltbar, weil dann die Zeit immer mit Aufmerksamkeit empfunden werden müßte, also ein Unbemerkt-Vorhandensein der Zeit für das Bewußtsein ausgeschlossen wäre.

Aufmerksamkeit gerückt und es so isoliert. Aber notwendig ist dies keineswegs. Unzählige Male vielmehr ist die implizite gegebene Zeitlichkeit für uns nur in der Weise des Unbemerkten vorhanden. Die Zeitlichkeit besteht dann für unser Bewußtsein gänzlich unisoliert; sie ist lediglich mit-gespürt. Ununterbrochen ist unserem Bewußtsein eine Masse von Inhalten in der Weise des Unbemerkten gegenwärtig. Auch der Erwachsene bemerkt nicht im entferntesten immerdar den zeitlichen Verfluß seiner Empfindungen, Vorstellungen, Gefühle. Und jedes Kind durchlebt eine lange Zeit, in der es überhaupt noch nicht auf Zeitverfluß und Zeitunterschiede zu achten vermag, sondern die Zeitlichkeit für sein Bewußtsein ein Unbemerkt-Bewußtes ist. So bewegt sich also die Analyse der unmittelbaren Zeitgegebenheit auf einem Felde, das vorwiegend dem Bereiche des Unbemerkt-Bewußten angehört.

2. Bis jetzt stellt sich uns die Zeit als zweischichtig dar: als mitgegeben in den Empfindungsinhalten und als mitgegeben in den übrigen, d. h. in den als intrasubjektiv gewußten Bewußtseinsinhalten. Ich will kurz von äußerer und innerer Zeit reden[7].

[15]　Doch ist hiermit die Zeit-Gegebenheit noch nicht erschöpfend herangezogen: es gibt eine gleichsam noch tieferliegende Zeitschicht. Nicht nur meinen Bewußtseinsinhalten ist die Zeit eingeschmolzen, sondern auch die Form meines Bewußtseins, meiner Bewußtheit zeigt den Zeitverfluß als mitgegeben. Mein Ich ist mir unmittelbar als in der Zeit verlaufend gewiß. Dabei verstehe ich unter dem Worte „Ich" nichts Überempirisches, nichts Metaphysisches, sondern ausschließlich das unmittelbar erlebte, in allen Bewußtseinsinhalten als numerisch-identisch gegenwärtige Etwas, vermöge dessen die Bewußtseinsinhalte eben meine Bewußtseinsinhalte sind. Ob und in welchem Sinne dem empirischen Ich ein reines, intelligibles, substantielles Ich zugrunde liegt: dies ist ein Fragegebiet, das völlig unberührt bleibt. Hier

---

[7] Wenn beispielsweise Thomas Hobbes die Zeit als eine Vorstellung der Bewegung oder genauer als die Vorstellung des Früher und Später in der Bewegung definiert (De corpore im 7. Kapitel), so hat er ausschließlich die äußerliche Zeitschicht vor Augen. Bei Aristoteles (an den Hobbes sich anschließt) liegt die Sache doch wesentlich anders. Aristoteles definiert zwar die Zeit (wörtlich übersetzt) als „Zahl der Bewegung". Aber er versteht unter Bewegung auch die seelischen Regungen. Denn er sagt: „Auch wenn es finster ist und wir von seiten des Leibes keinerlei Eindruck erfahren, aber sich in der Seele irgendeine Bewegung einstellt, so haben wir sofort auch den Eindruck eines Zeitverlustes" (im 11. Kapitel des 4. Buches der Physik; 210a, 4ff.). Vgl. Theodor Gomperz, Griechische Denker, Bd. 3 (1909), S. 91. Sonach hat Aristoteles, wenn er die Bewegung in die Definition der Zeit aufnahm, nicht nur an die äußere, sondern auch an die innere Zeitschicht gedacht.

handelt es sich lediglich um die Feststellung, daß das, was wir als unser Ich fühlen und wissen, nicht in einem Fließen bloßer Inhalte besteht, sondern daß die Inhalte ausnahmslos an einer punktartigen Einheit haften, auf welche sie nicht nur bezogen sind (dies wäre eine viel zu äußerliche Bezeichnung), sondern welche die Inhalte auf eine schwer beschreibbare Weise gleichsam durchdringt, sie sich gegenwärtig macht, so daß sie für uns da sind. Die [16] reine Inhaltspsychologie sieht über den Punkt auf dem i hinweg: das heißt: sie hat kein Auge für das Subjekt als solches; für das, wodurch die Bewußtseinsinhalte allererst meine Inhalte sind; für die schwer zu verdeutlichende Insichwendung der vielen gleichzeitigen und einander folgenden Bewußtseinsinhalte auf denselben einen identischen Punkt. Für solche Psychologen wie Avenarius, Mach, Ziehen, Wahle, Cornelius, v. Aster, Stöhr ist nur das gleichsam flach im Vordergrunde des Bewußtseins Vorüberziehende vorhanden; es scheint ihnen der Blick für die identische Mittelpunktstiefe in allen Bewußtseinsinhalten, für das Erlebnis des Selbstgegenwärtigseins zu fehlen.

Von den zahlreichen rätselvollen Seiten, die das Ich-Erlebnis aufweist, interessiert uns in unserem Zusammenhang nur die eine, daß wir das Ich als in der Zeit fließend erfahren. Hier liegt ein unmittelbares Erleben vor, das, soviel ich sehe, die gleiche Sicherheit besitzt wie etwa dies, daß ich den Wahrnehmungsinhalt „gleitendes Schiff" als zeitlich dahinfließend vor mir habe. So ist also auch in dem Ich-Erlebnis als solchem die Zeit ein Implizite-Gegebenes.

Es könnte scheinen, daß durch die Annahme der dritten Zeitschicht ein Widerspruch zu dem vorangestellten Satze entsteht, daß wir der Zeit niemals als abgelöst von den Bewußtseinsinhalten inne werden. Doch muß man bedenken, daß, wenn die Zeit als in der Form meines Bewußtseins mitgegeben hingestellt wird, diese Form des Bewußtseins ihrerseits mir niemals für sich gegeben ist, sondern immer nur an und in den Inhalten des Bewußtseins. So ist also auch in dem Falle der dritten Zeitschicht die Zeit, indem sie in der Form des Bewußtseins mitgesetzt ist, doch zugleich den Inhalten des Bewußtseins eingeschmolzen.

3. Auf diese Weise besteht die Zeit-Gegebenheit für uns [17] in drei Schichten: zu der „äußeren" und „inneren" Zeit tritt noch die „innerlichste"

Zeit, die Ich-Zeitschicht hinzu[8]. In dieser dritten Schicht ist die Zeit mit unserem Bewußtsein in allerintimstem Grade verwachsen. Weiterhin wird sich zeigen, daß dieser Ich-Zeitschicht eine ausschlaggebende Bedeutung für die Struktur der Zeit-Gegebenheit zukommt. Zunächst sind die drei Zeitschichten lediglich in der Weise des Nebeneinander festgestellt und aufgezählt. Wir finden eben die Zeit immer in diesen drei Schichten in unserem Bewußtsein vor. Späterhin wird aus dieser Aufzählung eine Wesensverknüpfung werden.

4. Am Schluß des ersten Abschnittes sagte ich: auch das Zeiterlebnis habe eine objektive und eine subjektive Seite an sich. Das Objektive ist das, wessen ich im Erleben gewiß bin; dieses Etwas ist eben die Zeit. Das Subjektive ist die Bewußtseinshaltung des Erlebens als solche.

Jetzt ist klar, wie es sich hier genauer mit der Beziehung von Objektiv und Subjektiv verhält. Die Zeit als Objekt oder Inhalt des Zeiterlebnisses hat nicht dasselbe Verhältnis zum Subjekt, das zwischen dem Objekt des Vorstellens oder Wahrnehmens zu der Bewußtseinshaltung des Vorstellens oder Wahrnehmens besteht. Das Objekt des Vorstellens und Wahrnehmens bedeutet nicht, daß es zur Existenzweise des vorstellenden oder wahrnehmenden Subjektes gehört. Das [18] Objekt betrifft nicht das Sein des Ich. Das Ich hat das Objekt, aber es ist nicht das Objekt. Es wäre unsinnig, zu sagen, daß mein vorstellendes oder wahrnehmendes Ich, weil es Farbiges, Tönendes, Räumliches zum Inhalt hat, eine farbige, tönende, räumliche Existenz habe. Was hier unsinnig ist, gerade das ist hinsichtlich des Zeiterlebens der wahre Sachverhalt. Indem ich des Zeitverlaufes gewiß bin, erlebe ich mich selbst als zeitlich verlaufend, erfasse ich die Zeit als Existenzweise meines Ich. Kant hat nicht richtig gesehen, wenn er behauptet, daß, indem „das Gemüt" „vermittelst des inneren Sinnes" seinen inneren Zustand als in Verhältnissen der Zeit geordnet anschaut, das Ich sich nur anschaut, wie es „innerlich affiziert wird", d. h. wie es sich erscheint, nicht wie es ist[9]. Wenn

---

[8] Auch hier wiederum liegt es nahe, des Aristoteles zu gedenken (vgl. Anmerkung S. 15). Wenn er die Zeit als Zahl (oder Maß) der Bewegung definiert, so meint er damit einesteils die Zeit als ein Gegenständliches, das gezählt, gemessen wird. Zugleich aber gehört zur Zeit die zählende, messende Seele. Eine Zeit ohne zählende Seele gibt es nicht (im 14. Kapitel des 4. Buches der Physik). Hier scheint eine Ahnung davon vorzuliegen, daß wir die Zeit zutiefst in unserem Ich-Bewußtsein erleben. Nur wird bei Aristoteles aus dem unmittelbaren Erleben der fließenden Zeit ein zählender Verstand. Jene richtige Ahnung ist also rationalistisch mißdeutet.

[9] Kant, Kritik der reinen Vernunft; Reclam S. 73, 315f., 402, 673.

ich mir als zeitlich verlaufend erscheine, so verlaufe ich eben wirklich zeitlich. Hier liegt ein allerunmittelbarstes Erleben vor. In der Ausdrucksweise meiner Erkenntnistheorie darf ich sagen: auf Grund der unbezweifelbaren „Selbstgewißheit des Bewußtseins" steht fest, daß, indem ich mein Ich als in der Zeit abrollend erlebe, eben damit die zeitliche Existenzweise meines Ich über allen Zweifel hinausgehoben ist. Von einer Spaltung in Scheinen und Sein, in Selbstbespiegelung und Existenz kann hier keine Rede sein. Ob freilich mein metaphysisches Wesen in der Zeit verfließt, ist eine andere Frage. Aber dieses Ich, als welches ich mich habe, und welches ich unmittelbar bin, existiert wirklich und wahrhaft in der Zeit.

So verhält es sich mit meinem Zeitinnesein. Dagegen gilt das Gesagte nicht von meiner Zeitvorstellung. Schon gegen den Schluß des ersten Abschnittes war von dem Unterschiede das Zeiterlebens und der Zeitvorstellung die Rede. Die vor-[19]gestellte Zeit ist für das vorstellende Ich genau in demselben Sinne ein bloß gehabter Inhalt wie der Inhalt Farbe, Ton oder Raum bei den entsprechenden Vorstellungen. Nicht die Vorstellung Zeit ist die Existenzweise meines Ich; sondern dies gilt nur von der unmittelbar erlebten, in unmittelbarem Innesein ergriffenen Zeit.

IV. DAS BEWUSSTSEIN DES ICH VON SEINER EIGENEN STETIGKEIT

1. Darf denn nun aber wirklich behauptet werden, daß uns die Zeit als ein unmittelbares Erlebnis gegeben ist? Widerspricht dem nicht die, wie es scheint, unleugbare Tatsache, daß an dem Zustandekommen des Zeitbewußtseins einerseits die Erinnerung, anderseits das Vorausvorstellen beteiligt ist? Unmittelbar erleben wir doch ausschließlich das Jetzt, das Zeitstückchen, in dem wir gerade stehen; weder also das Vorher, noch das Nachher. Zur Gewißheit des Vorher kommen wir einzig durch Erinnerung. Denn auch das Erschließen des Vergangenen ist kein reiner Denkvorgang, sondern er ist wesentlich mit Erinnerung verknüpft. Ich habe in meinem Werke „Gewißheit und Wahrheit" eingehend gezeigt, daß kein vergangenes Erlebnis unter gänzlicher Ausschaltung der Erinnerung erschlossen werden kann; ja daß überhaupt die Erinnerungsgewißheit die Voraussetzung alles Schlie-

ßens und Beweisens ist[10]. Und die Gewißheit des Nachher entsteht uns nur in der Weise des [20] Vorausvorstellens, sei es in der Form des Wissens oder des bloßen Vermutens. Mit welchem Rechte denn also habe ich bisher immer von dem unmittelbaren Erleben der Zeit gesprochen? Genauer scheint es sich doch so zu verhalten: nur die jeweilige Jetzt-Spitze im Zeitverfluß, nur die Schwebe zwischen Vorher und Nachher ist unmittelbar erlebbar, während die Erstreckungen des Vorher und Nachher bis an die Jetzt-Spitze heran nur mittelbar dem Bewußtsein gegenwärtig werden können.

2. Soll Klarheit in die Sache kommen, so muß vor allem das Verhältnis der Erinnerung zum Zeitbewußtsein mit aller Schärfe ins Auge gefaßt werden.

Ich erinnere mich, vor einem Jahr meine Heimat wiedergesehen zu haben, vor einer Stunde im Leipziger Rosental spazieren gegangen zu sein, vor einer Minute ein Glockenzeichen gehört zu haben. Hier handelt es sich um vergangene Erlebnisse, die nur mittelbar, eben durch Erinnerung, meinem Bewußtsein gegenwärtig werden. Das Vorherdagewesensein dieses Inhalts kann für mich niemals zu einem unmittelbar Gegebenen werden. Vielmehr sind diese Inhalte erinnerungsmäßig von mir in die Vergangenheit hinausprojiziert. Es ist klar: soweit an der Ausgestaltung des Zeitbewußtseins Erinnerung beteiligt ist, kann nicht von unmittelbarem Erleben der Zeit die Rede sein.

Genauer gesprochen handelt es sich in den genannten Fällen um Erinnerung diskreter Art. Denn sie charakterisieren sich dadurch, daß sich an das Gegenwärtiggewesensein des Inhaltes eine Zeitstrecke schließt, in welcher der Inhalt schlechtweg in meinem Bewußtsein fehlt. Erst an diese längere oder kürzere Pause reiht sich die Erinnerung. An diese kann sich natürlich wiederum eine Pause mit nachfolgender neuer Erinnerung an den gleichen Sachverhalt [21] anschließen, und so weiter fort. In solchen Fällen darf ich von diskreter Erinnerung sprechen.

In anderen Fällen von Erinnerung liegt dieses diskrete Verhältnis nicht vor: der erinnerte Inhalt bildet die stetige Fortsetzung des ursprüngli-

---

[10] Gewißheit und Wahrheit (1918), S. 90ff. Je vielgliedriger das Schließen und Beweisen ist, um so mehr ist es davon abhängig, daß wir der jeweilig vorausgegangenen Glieder in Form der Erinnerung unbedingt gewiß sind. Ja das Verstehen und Auffassen überhaupt stützt sich Schritt für Schritt auf Erinnerungsgewißheit, da kein Verstehen und Auffassen geradezu augenblicklicher Art ist, sondern einer Anzahl von Jetzen bedarf.

chen Inhaltes. Ohne Pause im Bewußtsein gleitet die Empfindung, Wahrnehmung, Vorstellung oder welcher Art von Inhalt es sein mag, in das Erinnerungsbild hinüber. Ich scheide von einem Freunde: ohne Unterbrechung reiht sich an die Gesichtswahrnehmung das Erinnerungsbild des soeben meinen Blicken entschwundenen Freundes an. Hier darf ich von kontinuierlicher Erinnerung sprechen. Freilich ist nun auch in Fällen dieser Art das Vorher kein unmittelbares Erlebnis, sondern für mich nur als eine Projektion in die Vergangenheit vorhanden. Die Unmittelbarkeit des Zeiterlebnisses ist also auch durch die kontinuierliche Erinnerung zunächst noch nicht gerechtfertigt. Wohl aber werden wir dieses Ziel erreichen, wenn wir die kontinuierliche Erinnerung gleichsam mehr in ihre Tiefe verfolgen. Dann fällt durch sie auf die Vergangenheitsgewißheit ein neues Licht, derart daß sich die Vergangenheitsgewißheit als ein unmittelbares Erlebnis herausstellen wird.

3. Ich erinnere mich nämlich nicht nur an Inhalte, sondern damit zugleich an mich selbst. Indem Ich mich habe, Ich meiner gewiß bin, Ich mich weiß (diese Ausdrücke laufen alle auf dasselbe Urphänomen hinaus, die schwer beschreibbare Rückwendung in sich, die eben mein Bewußtsein ist), erinnere ich mich meiner als eines eben jetzt dagewesenen Ich. Indem ich mich als dieses gegenwärtige Ich fühle, erlebe ich mich als eben herkommend aus dem soeben schwindenden Ich. Ich habe mich nicht als ein nach rückwärts Abgerissenes, nicht als ein durch eine scharfe Grenze nach dem [22] zeitlichen Hinten Abgeschnittenes, nicht also als ein absolut Anhebendes. Dies wäre eine grundfalsche Beschreibung dessen, als was ich mich habe und finde. Vielmehr finde ich mich ununterbrochen als herfließend aus einem Vorher und als hineinfließend in das Jetzt. Das Jetzt-Bewußtsein ist unmittelbar zugleich ein Bewußtsein vom Vorher. So ist in der Gegenwartsgewißheit meines Ich als ein unablösbares Moment zugleich Vergangenheitsgewißheit enthalten. Freilich nicht Vergangenheitsgewißheit in voller Ausdehnung, sondern nur hinsichtlich der letztverflossenen sehr kleinen Zeitstrecke. Hiernach darf dem Ich eine unmittelbare Stetigkeitsgewißheit zugeschrieben werden.

Implizite wird dies anerkannt, wo von der Identität des Ich geredet wird. Wenn ich mich durch mein ganzes bewußtes Leben als dasselbe Ich, als numerisch-identisches Ich weiß, so ist dies nur dadurch möglich, daß ich mich als ein ununterbrochen Fließendes habe. Wäre die Zeit, in der ein identisches Ich dauern soll, eine Aneinanderreihung diskreter Jetztpunkte, so würden für jeden Jetztpunkt die Grenzen der Ichexistenz mit den Grenzen des Jetztpunktes zusammenfallen; d. h. nicht nur die Zeit, sondern auch das Ich selbst bestünde dann aus einem sich von Punkt zu Punkt wiederholenden absoluten Abreißen und absoluten Anheben. Das Identitäts-Bewußtsein wäre dann eine bare Unmöglichkeit. Indem die „innerlichste Zeit" (vgl. S. 17) atomistisch zerspalten wäre, so wäre damit dem Entspringen des Identitäts-Bewußtseins der Boden entzogen. Sonach ist durch die Anerkennung des Identitäts-Bewußtseins die unmittelbare Stetigkeitsgewißheit des Ich mit anerkannt.

Zunächst aber und an erster Stelle ist es nicht diese Überlegung, worauf sich die Überzeugung von der Stetigkeitsgewißheit des Ich gründet. Vielmehr gibt sich uns diese [23] Stetigkeitsgewißheit, wie vorhin gezeigt wurde, unmittelbar, durch Hinwendung des Blickes in mein Ich, unwidersprechlich kund. Unmittelbar erlebe ich meine Gegenwart jederzeit als aus der Vergangenheit herfließend. Oder anders ausgedrückt: jedes Jetzt schließt für mein Ich die im Übergange zum Jetzt befindliche Vergangenheit ein. Noch genauer übrigens ist es, von Selbststetigkeitsgewißheit des Ich zu reden. Denn nicht um die Stetigkeit irgendeiner Seite des Ich oder irgendeines seiner Inhalte handelt es sich, sondern um die Stetigkeit meiner ungeteilten Ichheit.

Jetzt ist klar: es gibt ein unmittelbares, d. h. nicht erst auf Erinnerung beruhendes Erleben des Zeitverflusses. Meine Selbststetigkeitsgewißheit schließt das Bewußtsein eben hinschwindender Vergangenheit und eben herfließender Gegenwart in sich. Es wäre völlig unzutreffend, auf diese Vergangenheitsgewißheit den Ausdruck „Erinnerung" anzuwenden. Denn im Erinnern wird mir das Vergangene nur in der Weise eines in die Vergangenheit hinausprojizierten Vorstellungsinhaltes gegenwärtig. Hier dagegen wird die Vergangenheit unmittelbar als eben hinschwindend und sich in das Jetzt überführend erlebt.

4. Bis jetzt habe ich die Stetigkeitsgewißheit immer nur nach der einen Richtung: nach der Vergangenheit hin betrachtet. Es gilt nun, ihre Richtung in die Zukunft hin ins Auge zu fassen.

Indem ich mich als in diesem Jetzt stehend fühle, finde ich mich nicht nur nach der Vergangenheit hin in stetigem Übergehen, sondern auch nach vorwärts hin finde ich mich als keineswegs scharf begrenzt, als keineswegs abreißend, aufhörend und nach einer Pause neu anfangend. Auch nach vorwärts hin bin ich ein Weiterfließendes. Indem ich in diesem Jetzt mich als herfließend aus dem eben zur Ver-[24]gangenheit gewordenen Jetzt fühle, bin ich zugleich dessen gewiß, daß dieses Jetzt, in dem ich stehe, sofort hinschwindet und in ein weiteres Jetzt hineinfließt. Mein Jetzt-Erlebnis hat diese zwei Seiten an sich: es fühlt sich als kommend aus dem Vorher und als sich wandelnd in das Nachher. Jedes Jetzt ist für mich hinschwindendes Soeben-Gegenwärtiggewesensein und eben damit zugleich Übergehen in ein weiteres Jetzt, das ist: in ein Soeben-Nochnicht-Gegenwärtiggewesensein. Es ist, so sieht man, ein und dasselbe Jetzt-Erlebnis, das diese zwei Seiten an sich hat: ich erlebe das Jetzt als herkommend aus dem soeben hinschwindenden Jetzt und zugleich als sich preisgebend und eben damit als sich in ein neues Jetzt wandelnd. Das Jetzt schiebt sich sozusagen stetig weiter, und indem so das Jetzt sich stetig aufgibt und zur Vergangenheit wird, ist unvermerkt das neue Jetzt da. Wir haben nicht das Gefühl in die Zukunft vorzustoßen, sie zu erobern, sie zu erzeugen, sondern gleichsam geräuschlos, ohne Kraftaufwand, dehnt sich die Gegenwart in die Zukunft hinein aus. Indem ich mich als aus dem Vorher herkommend fühle, bin ich mir zugleich des hinschwindenden Charakters dieses Zeit-Erlebnisses gewiß. Das heißt: in der Jetzt-Gewißheit ist für mich mit der unmittelbaren Vergangenheitsgewißheit zugleich die unmittelbare Zukunftsgewißheit gegeben.

5. Wir haben drei Zeitschichten unterschieden. Jetzt hebt sich die dritte, die Ich-Zeitschicht, als besonders bedeutsam hervor. In meinem sich als fließend erlebenden Ich bin ich der Zeit sozusagen in ihrer nacktesten Gestalt inne. In den beiden andern Zeitschichten sind es die massenhaften Inhalte der äußeren und inneren Welt, woran mir die Zeit zu Bewußtsein kommt. Hier dagegen ist es die Stetigkeitsgewißheit des Ich, worin sich mir die Zeit kundgibt. Das [25] Fließen der Zeit ist hier gleichsam nicht so zugedeckt wie dort. Wenn ich mich in meine Ichform, in meine Bewußtheit aufmerksam versenke, bin ich dem Gleiten, Rinnen, Fließen der Zeit intimer nahe, als wenn ich einem stürzenden Wasserfall, dem Flug eines Vogels, einem fahrenden Eisenbahnzuge mit meinen Blicken folge oder Erinnerungsbilder, Gefühle, Gedanken in mir vorüberziehen sehe.

Aber dies ist nicht Alles. Wenn ich auf das sich als fließend erlebende Ich hinweise, habe ich hiermit dasjenige bezeichnet, wodurch uns überhaupt Zeitbewußtsein entsteht. Nicht die in den äußeren oder inneren Bewußtseinsinhalten mitgesetzte Zeit darf als die wesenhaft ursprüngliche Zeitgegebenheit gelten, sondern nur das in dem Ich als solchem implizite enthaltene Innesein des Zeitverflusses. Man stelle sich vor: es fehle dieses Innesein, diese dritte Zeitschicht, dieses unmittelbare Selbststetigkeitsgefühl. Würde es dann auf Grund des Gesehenen, Gehörten, Getasteten, Gefühlten, Gedachten, Begehrten zum Bewußtsein des Zeitverflusses kommen können?

Es läge dann nur Folgendes vor: erstens das sinnlich Gesehene (etwa die Ankunft meines Sohnes) und zweitens die Erinnerungsvorstellung hiervon. Oder etwa: das Phantasiebild einer geplanten Reise und die Erinnerung an dieses Phantasiebild. Dem erinnerten Vorstellungsinhalt haftet kraft der Erinnerungsgewißheit unmittelbar der Charakter des Vergangenen an. Allein ich würde die Bedeutung dieses Charakter-Merkmals „Vergangen" überhaupt nicht verstehen können, wenn mir nicht auf Grund des in meinem Ich unmittelbar erlebten Zeitverflusses die Möglichkeit gegeben wäre, mir von „Vorher" und „Nachher", von „Vergangenem" und „Jetzt" eine Vorstellung zu bilden. Was Zeit ist, geht uns nur dadurch auf, daß wir des Fließens des [26] Ich unmittelbar inne sind. Die Erinnerungsgewißheit mit dem von ihr geleisteten Aufschließen der Vergangenheit wäre psychologisch unmöglich, wenn nicht dieses unmittelbare Zeit-Innesein, dieses Spüren des Zeitverflusses in der Tiefe die Voraussetzung lieferte[11]. So bildet also das Bewußtsein von der Stetigkeit des eigenen Ich die Grundlage nicht nur für die innerste Zeitschicht, sondern für die Zeit-Gegebenheit überhaupt. Ist diese Grundlage einmal da, so kann dann mit Hilfe der Erinnerungsgewißheit die Vergangenheit mit allen nur möglichen Inhalten besetzt und nach Bedürfnis in verschiedene Abschnitte und Unterabschnitte gegliedert werden. Und ebenso kann dann im Vorausvorstellen die Zukunft mit den verschiedensten Inhalten bevölkert werden. So sind also die beiden Schichten der „äußeren" und der „inneren Zeit" (vgl. S. 14) ein Sekundäres, Unursprüngliches gegenüber dem unmittelbaren Zeit-Innesein, dem Bewußtsein vom Zeitverflusse des eigenen Ich. Darum ist in der Stetigkeitsgewißheit des Ich die eigentliche Ursprungsstätte der Zeitgegebenheit zu suchen.

Selbstverständlich ist das Wesensprimäre des unmittelbaren Zeit-Inneseins nicht in zeitlichem, entwicklungsgeschichtlichem Sinne zu verstehen. Es soll damit keineswegs gesagt sein, daß das Neugeborene zuerst aus seinem Ich das Zeitbewußtsein schöpfe und dann erst Zeitvorstellungen

---

[11] Erkenntnistheoretisch ist die Erinnerungsgewißheit primärer, unzurückführbarer Art (Gewißheit und Wahrheit, 89f., 93f.). Dies bleibt unberührt, obgleich sie psychologisch keineswegs ohne Voraussetzungen ist.

bilde. Vielmehr ist zweifellos das Umgekehrte der Fall. Es dauert geraume Zeit, bevor dem Kinde sein eigenes Ich Gegenstand des Bewußtseins wird. Zeitvorstellungen aber sind beim ersten Aufleuchten des Ich seit langem vorhanden. Wenn ich also von jenem Stetigkeitsbewußtsein sagte, daß [27] es die Voraussetzung für alle Zeitvorstellungen ist, so ist dies nur in dem Sinne gemeint, daß jenes Stetigkeits-Bewußtsein, jenes unmittelbare Zeit-Innesein nicht ausdrücklich vorhanden zu sein braucht, sondern auch in die Sphäre des Unbemerkt-Bewußten, des Implizite-Bewußten fallen kann. Ein für allemal muß man sich vor Augen halten, daß uns im Seelenleben die Weise des Unbemerkt- oder Implizite-Bewußtseins auf Schritt und Tritt begegnet (vgl. oben S. 14). Und so wird man auch annehmen dürfen, daß, wenn im Kinde bewußte Zeitunterscheidungen auftreten, die unmittelbare Stetigkeitsgewißheit bereits in der Weise des Unbemerkt- oder Implizite-Bewußten vorhanden ist.

6. Es wird zur Klärung der hier vorliegenden Begriffszusammenhänge beitragen, wenn ich die Frage stelle: wie verhalten sich folgende vier Sachverhalte zueinander: das unmittelbare Erleben des Zeitflusses, die Selbststetigkeitsgewißheit des Ich, das Identitätsbewußtsein des Ich und die Erinnerung. Auf Grund der bereits gegebenen Erörterungen lassen sich diese Verhältnisse genau bestimmen.

Was zunächst das Verhältnis von unmittelbarem Erleben des Zeitverfließens und die Selbststetigkeitsgewißheit des Ich betrifft: so ist mit beiden Bezeichnungen dasselbe Erlebnis gemeint. Nur ist beide Male eine andere Bewußtseinshinwendung ins Auge gefaßt. In der Selbststetigkeitsgewißheit ist das Eigentümliche in der Art und Weise, wie sich mir das Zeitverfließen zu erkennen gibt, betont. Und zugleich ist die Innerlichkeit des Ich als dasjenige hervorgehoben, worin ich der fließenden Zeit inne werde. Dagegen ist in dem unmittelbaren Erleben des Zeitverfließens die dort nur miterlebte Zeit als der Inhalt des Erlebens, als das, worauf das Erleben gerichtet ist, hingestellt.

Die Identitätsgewißheit des Ich hat die Selbststetigkeits-[28]gewißheit des Ich (und damit natürlich auch das unmittelbare Erleben des Zeitverfließens) zu ihrer Voraussetzung. Es würde das Ich niemals zum Bewußtsein von seiner Identität kommen, wenn sich ihm die Zeit als ein atomistisch Zerspaltendes darböte (vgl. S. 22). Erst auf Grundlage der Selbststetigkeitsgewißheit des Ich entspringt sein Identitätsbewußtsein.

Desgleichen ist die Erinnerung überhaupt erst auf Grundlage der Selbststetigkeitsgewißheit des Ich möglich. Ohne diese Grundlage würde mir der Sinn von „Vergangen" nicht aufgehen können. Es könnte also so Etwas wie Erinnerungsgewißheit überhaupt nicht in mir entspringen. Zugleich ist die Erinnerung nur auf Grundlage der Identitätsgewißheit des Ich möglich. Die Identitätsgewißheit kommt nicht erst durch Erinnerungsbetätigung zustande; sondern diese wäre unmöglich, ohne daß jene bereits vorhanden wäre. Sonach liegt hier eine Stufenfolge vor: die Selbststetigkeitsgewißheit ist die Voraussetzung des Identitätsbewußtseins; und dieses wiederum die Voraussetzung der Erinnerung. Die Erinnerung ist ein weit verwickelterer Aufbau über der Grundlage der Selbststetigkeitsgewißheit als das Identitätsbewußtsein[12].

Hiernach steht also die hier vertretene Anschauung in Gegensatz zu aller logizistischen Deutung der Zeitgegebenheit. Wenn man beispielsweise, wie dies bei Anton Marty der Fall ist[13], das Zeitbewußtsein in „Modi des Urteilens" [29] primär gegründet sein läßt, so scheint mir damit ein Weg beschritten zu sein, der von vornherein alle unbefangene Auffassung von dem, was die Zeit ist, verhindert. Soviel Scharfsinniges und Richtiggeurteiltes eine solche logizistische Zeit-Theorie auch enthalten mag, so wird eben doch die einfache, intime Grundlage der Zeit verkannt, und dies wirkt durch die ganze Theorie hindurch empfindlich nach.

V. DAS JETZT ALS AUSDEHNUNGSMINIMUM

1. Ist das Zeit-Erlebnis in dem Dargelegten richtig beschrieben, so ist damit zugleich gesagt, daß das Jetzt von uns nicht als ausdehnungsloser

---

[12] Eine eingehende psychologische Analyse der Erinnerungsgewißheit habe ich in der Abhandlung „Beiträge zur Analyse des Bewußtseins: 2. Die Erinnerungsgewißheit" (1904; im 118. Bande der Zeitschrift für Philosophie und philosophische Kritik) zu geben versucht.

[13] Anton Marty „Raum und Zeit". Aus dem Nachlasse des Verfassers herausgegeben (Halle 1916), S. 204ff., 220. Auch Bergsons mystische Zeittheorie hat einen logizistischen Einschlag. Nach seiner Auffassung gibt es Sukzession nur für einen bewußten Beobachter, der sich des Vergangenen erinnert und Gegenwart und Vergangenheit vergleicht. Wir würden, so zeigte sich uns dagegen, das Vergangene überhaupt nicht zum Vergleich heranziehen können, wenn wir unser Ich nicht als ein Fließen, in Sukzession Begriffenes unmittelbar erfaßten. Wir würden ohne solches unmittelbares Innewerden der fließenden Bewußtheit überhaupt nicht verstehen, was Vergangenheit bedeutet (Essai sur les données immediates de la conscience [1906], S. 82, 87; in der Übersetzung „Zeit und Freiheit" [1911], S. 85, 91).

Punkt, sondern als ein Ausdehnungs-Minimum, als ein kleinster Zeitansatz erlebt wird. Ob ein ausdehnungsloser Zeitpunkt ein denknotwendiger Begriff ist, das ist eine Frage, die uns hier, wo es nur auf das Beschreiben der unmittelbaren Zeit-Gegebenheit ankommt, nichts angeht. Wie immer es sich damit verhalten mag: keinesfalls erleben wir jemals einen ausdehnungslosen Zeitpunkt. Wäre das Jetzt wirklich ein ausdehnungsloser Punkt, dann müßten sich uns alle Wahrnehmungen, Vorstellungen, Gefühle usw. und ebenso unser identisches Ich als eine Aneinanderreihung absoluter Anfangspunkte, die ebensosehr absolute Endpunkte wären, darstellen. Eine unüberbietbare Zerstückelung und Zerrissenheit bis ins Letzte müßte dann den Charakter alles uns Gegebenen einschließ-[30]lich der eigenen Ichform ausmachen. Und alles Weiterschreiten in der Zeit müßte dann ein beständiges Springen in unzähligen Unterbrechungen sein. Unser Ich müsste dann in der Weise nacheinander folgender, durch kleinste Pausen getrennter Taktschläge verlaufen. Kurz, Außen- und Innenwelt müßten dann absolut anders aussehen, als sie tatsächlich geartet sind. In Wahrheit bietet sich uns das Jetzt als herkommend aus dem Vorher und als hinfließend in ein neues Jetzt dar. Das Jetzt ist in sich ein Werden, ein Fließen. Dafür ist in einem ausdehnungslosen Punkte sozusagen kein Platz. Es bedarf dazu einer gewissen Erstreckung. Das Jetzt ist ein Erstreckungs-Minimum. Das Jetzt stellt sich mit einer gewissen Breite vor mein Bewußtsein[14].

Zugleich aber ist das Jetzt für mein Erleben trotz seiner Ausgedehntheit ungeteilt und unteilbar. Man mag über die Teilbarkeit der von Mathematik und Naturwissenschaft konstruierten und der metaphysischen Zeit wie immer denken: keinesfalls ist das subjektiv erlebte Jetzt für mein Erleben in Teile zerlegbar. Sobald ich darin erlebte Teile zu unterscheiden vermöchte, wäre dann eben jeder dieser Teile das wahrhafte Jetzt. Für die denkende Betrachtung freilich sind die Zeitminima als solche, d. h. nicht als erlebte Zeitstrecken, aber doch als Zeitstrecken teilbar (wie jede Strecke von irgendwelcher Ausdehnung).

---

[14] Ich finde mich hierin in Übereinstimmung mit William James (Psychologie; übersetzt von Dr. Marie Dürr, 1909; S.280f.). In hübschem Bilde sagt er: „Die einzige Tatsache unserer unmittelbaren Erfahrung ist das, was man glücklich als die „scheinbare Gegenwart" bezeichnet hat, eine Art Zeitsattel von gewisser Ausdehnung, in dem wir sitzen und von dem aus wir nach zwei Richtungen in die Zeit blicken." Vgl. auch S. 289f. In gleichem Sinne äußert sich Jonas Cohn (Theorie der Dialektik, 1923; S. 78).

2. Vielleicht trifft man das Richtige, wenn man sagt: das [31] Jetzt ist der eben zur Ausdehnung übergehende Punkt; das Jetzt ist das Minimum im Überschreiten des Punktuellen, das Jetzt ist der beginnende Anlauf des Punktes zum Ausgedehntwerden. Doch geht diese Redeweise schon über das beschreibende Verfahren hinaus, da wir erlebend doch nie den Punkt erhaschen können.

Dagegen ist es reines Beschreiben, wenn ich sage: ich erlebe das Jetzt als eine ununterbrochen sich herstellende Erstreckung, die sich ebenso ununterbrochen, indem sie sich herstellt, zugunsten einer weiteren Erstreckung aufgibt. Die Zeit springt nicht von Punkt zu Punkt, sondern das Zeitminimum schiebt sich gleichsam immer weiter. Ich erlebe das Jetzt als ein ununterbrochenes Weiter und Weiter. Man könnte auch sagen: das Jetzt ist ein kleinstes Zeitstückchen, wenn sich nicht mit dem Worte „Zeitstückchen" die Vorstellung des Festumgrenzten, des Ruhenden und Starren verbände. Und diese Vorstellung muß streng ferngehalten werden. Es wäre eine Karikatur der Zeit, wenn ich sie als ein Mosaik aus Zeitstückchen beschreiben wollte. Es ist daher, wenn ich Ausdrücke wie Ausdehnungs-, Erstreckungs-Minimum, kleinster Zeit-Ansatz, Breite des Jetzt gebrauchte, die absolute Unruhe des Fließens hineinzulegen. Die Zeit stellt sich uns nicht als eine Auflösung in Stückchen dar; vielmehr ist das Jetzt eine kleinste Erstreckung, die sich ununterbrochen verzehrt und eben damit beständig neu erzeugt. Mit dem Körper der Zeit ist es sehr schlimm bestellt; aber so gänzlich körperlos wie der Punkt ist die Zeit denn doch nicht. Sie ist absolute Lebendigkeit des Fließens.

3. Verkennt man den Ausdehnungscharakter des Jetzt, so ist es ein Leichtes, die Zeit dialektisch zu zerreiben. Man kann dann sagen: die vergangene Zeit ist gewesen, also ist sie nicht mehr. Die Zukunft ist noch nicht. So liegt [32] also die Gegenwart immer zwischen zwei Nichtsen. Die Gegenwart aber, das Jetzt, ist ein ausdehnungsloser Punkt. Indem das Jetzt ist, ist es auch schon nicht mehr. Das Jetzt ist also ein barer Widerspruch, und hiermit auch ein Nichts. Im Jetzt aber gipfelt die Zeit; im Jetzt hat sie ihre Wirklichkeitsspitze. So ist also das Wirkliche an der Zeit ein Nichts zwischen zwei Nichtsen.

Schon bei Aristoteles spielt im Beginn der Erörterung des Zeitbegriffs[15] ein derartiger Gedankengang hinein, wenn auch nur in Form einer Aporie. Besonders stark hat Schopenhauer diese dialektische Überführung der Zeit ins Nichts zum Ausdruck gebracht. Vergangenheit und Zukunft sind nicht mehr als nichtige Träume, die Gegenwart allein ist wirklich da; diese ist aber nichts als die ausdehnungslose Grenze zwischen jenen beiden. So ist die Zeit ein „unendliches Nichts"[16].

Für den Standpunkt der Phänomenologie der Zeit kommen derlei Reflexionen nicht in Frage. Denn das Jetzt ist vielmehr das Erlebnis einer kleinsten Erstreckung, und nicht eines gleichsam nie zur Existenz gelangenden Punktes. Auch kann man die Vergangenheit nicht einfach als ein Nichts beschreiben. Denn das Vergangenheitserlebnis schließt die Gewißheit in sich, daß eine Reihe von Jetzterlebnissen wirklich dagewesen ist. Das Nichtmehrsein hebt die Wirklichkeit des ehemaligen Dagewesenseins nicht auf. Wie sich freilich die Metaphysik der Zeit zu jener dialektischen Zerreibung der Zeit zu stellen hat, darüber ist mit der von der Phänomenologie ausgesprochenen Abwehr noch nichts entschieden. In unserem Zusammenhange läßt sich hierüber überhaupt nichts sagen.

[33]   4. Es dürfte nicht überflüssig sein, hier darauf hinzuweisen, daß, wenn ich von dem Jetzt als kleinster Zeiterstreckung rede, mit dem Superlativ „kleinste" nicht im entferntesten das Beliebig-Kleine der Differentialrechnung gemeint ist. Das Problem des Differentials liegt hier völlig abseits. Überhaupt handelt es sich hier um keinen mathematischen Begriff. Das Zeit-Minimum bedeutet die Heraushebung eines absolut-bestimmten Kleinsten aus dem Flusse des Stetigen. Das Beliebig-Kleine der Differentialrechnung ist ein Denk-Minimum; das Jetzt dagegen als kleinste Erstreckung ist ein Erlebnis-Minimum, ein Erlebbar-Kleinstes. Was die von mir angestellten Analysen festlegen, geht allen Differentialproblemen und überhaupt aller Mathematik weit voraus. Wir bewegen uns im Unmittelbar-Gegebenen. Man muß sich zum ganz naiven Menschen vereinfachen, wenn man auf den Sinn der hier gegebenen Darlegungen soll eingehen können.

Freilich liegt es nahe, zu meinen: der Philosoph müsse bei Behandlung des Stetigkeitsbegriffs an die Theorien der Mathematiker anknüpfen

---

[15] Aristoteles im 10. Kapitel des 4. Buches der Physik (217b, 29ff.).
[16] Schopenhauer, Reclam Bd. 1, S. 242f.; Bd. 5, S. 294ff. und sonst.

oder sich doch an ihnen orientieren. So ist es bei Jonas Cohn in seinem älteren erkenntnistheoretischen Werk[17]: er „macht sich", wie er selbst erklärt, die Ergebnisse der Mathematik hinsichtlich des Stetigkeitsproblems „zu eigen" und unterzieht sie einer philosophischen Verarbeitung. Wer wollte in Abrede stellen, daß die Erörterung des Stetigkeitsbegriffs zu den allerwichtigsten Aufgaben der Mathematik gehört? Aber ebenso unbezweifelbar ist die Stetigkeit Gegenstand des unmittelbaren Erlebens. Und insoweit sie dies ist, ist die Beschäftigung mit ihr eine vormathematische Aufgabe. Nur um Beschreibung und Analyse der erlebten Stetigkeit handelt es sich [34] hier. Es können diese Darlegungen daher auch nicht auf den Hang einer „Theorie" der Stetigkeit Anspruch erheben.

Aber noch mehr: auch als in gewissem Sinne vorlogisch haben diese Darlegungen zu gelten. Das Denken findet das Stetigkeitserlebnis als ein Rein-Gegebenes vor. Das Rein-Gegebene aber läßt sich (wie ich in meinem Buche „Gewißheit und Wahrheit" gezeigt habe) beschreiben und zergliedern, ohne daß das Denken dabei in grundlegender Weise beteiligt wäre. Die Beschreibung und Analyse, die ich von dem Stetigkeitserlebnis gegeben habe, gründet sich an erster Stelle nicht auf Denknotwendigkeit, sondern auf die unmittelbare Gewißheit vom Rein-Gegebenen oder mit einem anderen Namen auf die „Selbstgewißheit des Bewußtseins". Diese Gewißheitsquelle aber ist vorlogischer Art. Ich muß mich hierfür auf die Auseinandersetzungen in dem genannten Werke berufen[18].

So hat denn das Denken das, als was sich mir die Stetigkeit unzweifelhaft kundgibt, einfach hinzunehmen. Das Denken darf nicht sagen: Stetiges in dieser Gestalt sei unmöglich. Ein Um- und Wegdeuten des Rein-Gegebenen auf Grund einer mit dem Gegebenen unzufriedenen Logik ist strengstens fernzuhalten. Vielmehr muß sich das Denken, wie überall, so auch hier nach dem Gegebenen richten. Es muß zusehen, wie es mit seinen logischen Waffen dem Gegebenen beizukommen, gleichsam mit ihm fertig zu werden vermag.

Es darf daher auch nicht getadelt werden, daß ich hier keinen Begriff der Stetigkeit vorausschicke. Stetigkeit besagt hier eben nur dies, als

---

[17] Jonas Cohn, Voraussetzungen und Ziele des Erkennens (1908) S. 254.

[18] Besonders die beiden Kapitel „Die unmittelbare Beziehungsgewißheit" und „Die phänomenologische Gewißheit" kommen in Betracht (Gewißheit und Wahrheit, S. 98ff. und 433ff.)

was ich mein Ich hinsichtlich des [35] Verhältnisses des Jetzt zum Vorher tatsächlich vorfinde. Ich bin der Ununterbrochenheit, Lückenlosigkeit, Undurchlöchertheit meines Verlaufens unmittelbar gewiß. Ich erlebe mein Jetzt nicht als absoluten Punkt. Mein Ich-Verlauf stellt sich mir nicht als ein Springen von Punkt zu Punkt dar. Ich erlebe mich in jedem Jetzt als herfließend aus einem Vorher. Diesen und nur diesen Sinn hat es, wenn ich von Selbststetigkeitsbewußtsein spreche.

Außer der Zeit ist es die Raum-Gegebenheit, die uns das Stetige gleichfalls unmittelbar erleben läßt. Mag sich mir die räumliche Erstreckung in der Form der Gesichtswahrnehmung oder des Tastens darbieten: sie gibt sich mir ausnahmslos als etwas Ununterbrochenes, Unzerrissenes. Nirgends zeigt der Raum ein Loch, eine Spalte, einen Riß. Nirgends zieht sich der Raum zu einer absoluten Grenze zusammen, um dann sprungweise neu zu beginnen. Nirgends zerspaltet er sich in absolute Punkte. Derlei kann man sich erdenken; aber als gegeben findet es sich schlechterdings nirgends vor.

5. Ich finde mich hier im Gegensatze zu Driesch: er hält in seiner „Ordnungslehre" bei Behandlung der Stetigkeit den Weg für nicht gangbar, der von dem „unmittelbaren Erlebnisstrome" ausgeht[19]. Weder gibt es eine Stetigkeit des Erlebnisstromes, noch eine unmittelbar erfaßte Stetigkeit des Raumhaften. Einer solchen Behauptung gegenüber bleibt mir nichts Anderes übrig, als daß ich meine Aufmerksamkeit erneut auf mein inneres Erleben richte und mich hierdurch in der Gewißheit von neuem bestärke, daß ich mein Ich als stetig dahinfließend tatsächlich erlebe[20].

[36] Auch sonst findet sich bei Schriftstellern, die über das Problem der Zeit handeln, ein ausdrückliches In-Abrede-Stellen des unmittelbaren Zeiterlebens. Oder es kommt auch vor, daß darüber stillschweigend hinweggegangen wird.

6. Es liegt nahe, in diesem Zusammenhang an Eduard von Hartmann und Lotze zu erinnern. Eduard von Hartmann spricht von einer

---

[19] Hans Driesch, Ordnungslehre 2. Aufl. (1923), S. 113f., 130.

[20] Auch zu Natorp finde ich mich hierin in Gegensatz. Stetigkeit könne nicht angeschaut oder empfunden werden; nur für das Denken werde die Stetigkeit durchdringlich; für unser sinnliches Vorstellen bleibt die Stetigkeit ein undurchdringliches Geheimnis. Die Annahme des Stetigen dürfe daher in keinerlei Sinn auf das Zeugnis der Anschauung gestützt werden (Die logischen Grundlagen der exakten Wissenschaften, 1910; S. 187). Die Wahrheit liegt meines Erachtens in der umgekehrten Richtung.

„Scheinkontinuität" der subjektiven Zeitlichkeit. In Wahrheit sei die subjektive Zeitlichkeit mosaikartig aus diskreten Elementen zusammengesetzt[21]. Müßte sich aber die Zeit nicht als ein unvergleichlich anderes Gebilde darbieten, wenn die „subjektive Zeitlichkeit" ein Nacheinander von diskreten Elementen wäre? Diese uns bekannte Zeit mindestens hat niemals auch nur annäherungsweise ein mosaikartiges Aussehen. Ferner aber ist gegen Hartmann einzuwenden, daß, wenn er der Zeitlichkeit eine „Scheinkontinuität" zugesteht, er damit im Grunde seine eigene Stellung aufgegeben hat. Denn erscheint mir durchweg die Zeit als kontinuierlich, dann ist sie eben auch für mich eine kontinuierliche Gegebenheit. Finde ich in der „subjektiv-idealen Sphäre", wie Hartmann sich ausdrückt, die Zeitlichkeit ausnahmslos als kontinuierlich vor, dann ist dies eben keine Täuschung innerhalb dieser „Sphäre".

Auch Lotze steht dem unmittelbaren Zeiterleben ablehnend gegenüber. Es tritt dies in seiner Ansicht von der Bildlichkeit der Ausdrücke zutage, die wir zu der Beschreibung der Zeit verwenden. Lotze meint: wir haben „keine [37] ursprüngliche und eigentümliche Anschauung" von der Zeit, sondern „gewinnen den intuitiven Charakter unserer Zeitvorstellung nur durch Bilder, die wir vom Raume entlehnen". Und diese Bilder seien gänzlich unangemessener und irreführender Art. Er hat dabei vor allem die übliche Vorstellung von dem Flusse der Zeit und von der Zeit als einer geraden Linie im Auge[22]. Lotze verkennt, daß das, was wir mit den Bildern vom Fluß und von der geraden Linie meinen, nicht dieses Räumliche, sondern das stetige Nacheinander ist, und daß wir das stetige Nacheinander in unmittelbarem Innesein erleben.

7. Ist es denn aber nicht doch eine Übertreibung, einen ununterbrochenen Verlauf des Ich zu behaupten? Die Tatsache des Wechsels von Wachen und Schlaf bezeugt doch unwidersprechlich, so scheint es, das Gegenteil; ebenso die Tatsache der Ohnmacht.

Sieht man indessen genauer zu, so bemerkt man sofort, daß die Unterbrochenheit, die durch Schlaf und Ohnmacht eintritt, einen anderen Sinn hat als diejenige Unterbrochenheit, durch die das Stetigkeitsbewußtsein verneint würde. Dieses Stetigkeitsbewußtsein bedeutet nur, daß das Ich in je-

---

[21] Eduard von Hartmann, Kategorienlehre (1896) S. 84ff.
[22] Hermann Lotze, Metaphysik (1879), S. 268f., 285.

dem Jetzt, in dem es sich findet, seine Ununterbrochenheit erlebt. Damit ist aber nicht gesagt, daß sich das Ich ununterbrochen in einem Jetzt finden, daß es ununterbrochen existieren müsse. Schlaf und Ohnmacht bedeuten das Aufhören des Ich überhaupt. Mit dem Eintreten von Schlaf und Ohnmacht ist auch kein Jetzt vorhanden, in dem sich das Ich fände, und in dem es seine Stetigkeit erleben könnte. Die Tilgung des Ich durch Schlaf und Ohnmacht ist also etwas völlig Anderes als die auf Grund des Stetigkeitsbewußtseins in Abrede gestellte Isoliertheit des Jetzt.

[38]   8. Aber wie steht es denn mit dem das Wiederwachwerden eröffnenden Jetzt? In dem Augenblick, wo ich mit Aufhören des Schlafes wieder zu Bewußtsein komme, kann ich mich freilich nicht in dem Sinne als fließendes Ich fühlen, daß ich meiner als aus dem unmittelbaren Vorher herfließend inne würde. Auch fühle ich mich nicht als herfließend aus dem letzten Jetzt, das für mein Bewußtsein in dem Augenblick vor Eintritt des Schlafes vorhanden war. Trotzdem ist das Stetigkeitsbewußtsein nicht aufgehoben. Denn ich weiß mich im Augenblick des Erwachens doch eben als dieses Ich, das ich nun einmal bin. So verstört man auch oft beim Erwachen sein mag, so wenig man sich auch oft über Zeit und Ort des Erwachens sofort zu orientieren vermag: so fühlt man sich doch sofort als dasselbe Ich, das man vorher und die ganze Strecke seines bewußten Lebens hindurch war. In diesem Sinne ist auch das erste Jetzt beim Wiedererwachen durch das Stetigkeitsbewußtsein mit dem früheren Ich verbunden.

Anders natürlich muß über das erste Jetzt, das überhaupt für das Ich-Bewußtsein eines Jeden vorhanden ist, geurteilt werden. In welchem Zeitpunkt der frühesten Kindheit und unter welchen Bedingungen das Erwachen des Ich-Bewußtseins stattzufinden pflegt, das ist eine Frage, die hier dahingestellt bleiben kann. Genug, daß es ein solches Jetzt in jedem Lebenslauf geben muß. Für dieses Jetzt nun gibt es kein vorangehendes Jetzt, in dem das Ich schon bestanden hätte. In dasjenige Jetzt also, das überhaupt den Beginn unseres Ich-Bewußtseins bildet, tritt das Ich nicht schon mit Stetigkeitsgefühl ein. Wohl aber geschieht das Eintreten in die folgenden Jetzte schon mit (natürlich nur implizite, unbemerkt vorhandenem) Stetigkeitsgefühl.

[39]   9. Die empiristischen Zeittheorien bemühen sich, unser Zeitbewußtsein aus elementareren Regungen des Bewußtseins abzuleiten. Dabei würde der springende Punkt darin bestehen, daß diese einfacheren Regungen, aus denen das Zeitbewußtsein entspringen soll, nichts von Zeitlichkeit

mit sich führen dürfen. Sie müßten gleichsam diesseits des Zeitlichen liegen. Auch implizite dürfte in ihnen nichts von Zeitinnesein verborgen sein. Sonst wäre die Ableitung ja grober Selbstbetrug. An diesem allerersten Erfordernis nun eben lassen es die empiristischen Zeittheorien sämtlich fehlen. Hierauf hat Frischeisen-Köhler zutreffend hingewiesen. Mag man sich auf Erinnerung, auf Spannung der Aufmerksamkeit, auf irgendwelche Temporalzeichen, auf Verschmelzungen oder gar auf Schlüsse berufen: immer ist in den die Grundlage bildenden seelischen Regungen ihr „Temporalcharakter" schon vorausgesetzt[23].

Aber es läßt sich auch von vornherein einsehen, daß es völlig ausgeschlossen ist, das Zeitbewußtsein aus irgendwelchen nichtzeitlichen Bewußtseinsregungen abzuleiten. Die Zeit ist uns in der Form der Selbststetigkeitsgewißheit gegeben. Diese aber existiert nicht als etwas Besonderes in unserem Ich-Bewußtsein; sondern sie ist die unabtrennbare Form unseres Ich-Bewußtseins. Wo auch immer wir unser Ich ergreifen, ertappen, belauschen: überall gibt es sich uns als Stetigkeitsgewißheit und hiermit als fließende Zeit. So läßt sich in unserem Ich schlechterdings nichts auffinden, erspähen, entdecken, was nicht schon die Form der Zeitlichkeit an sich trüge. Mithin erweist sich auf Grund der vorausgehenden Analyse der Zeitgegebenheit jedwede Ableitung des Zeitbewußtseins aus elementareren Bewußtseinsregungen als unmöglich. Ich darf in diesem Sinne die Zeit-[40]gegebenheit als ein Apriorisches in unserem Bewußtsein bezeichnen.

Freilich deckt sich diese Apriorität der Zeit nicht mit der Lehre Kants. Von allem Anderen abgesehen, liegt schon darin ein entscheidender Unterschied, daß bei Kant die apriorische Zeit eine Form des Anschauens ist. Das Ich „schaut" seine Empfindungen und „schaut" sich selbst in der Zeit „an". Über das Anschauen kommt Kant nicht hinaus. Die Unmittelbarkeit des Inneseins und das hiermit gegebene Zusammenfallen von Innesein und wirklichem (nicht phänomenalem) Sein wird von ihm nicht beachtet. Die Zeit steht bei Kant dem Ich wie ein Spiegel gegenüber: es spiegelt sich in der Zeit. Im Vergleich mit der hier dargelegten Auffassung ist dort die Zeit abgelöster vom Ich, steht ihm gegenständlicher gegenüber. Auch bringt es die von Kant durchgängig festgehaltene Nebenordnung von Zeit- und Raumanschauung mit sich, daß die gegenständliche Abgelöstheit

---

[23] Max Frischeisen-Köhler, Wissenschaft und Wirklichkeit (1912) S. 206f.

der Raumform vom Ich unwillkürlich auf die Zeitform übertragen wird und auf diese Weise die Zeit den Charakter der intimen Subjektivität einbüßt.

VI. ERSTE KRITISCHE EINSCHALTUNG

1. Die hier geübte Behandlungsweise der Zeit wird in ein schärferes Licht treten, wenn ich einige andere Stellungen zum Zeit-Problem in prinzipiellerer Weise, als es in hier und da eingeflochtenen kritischen Bemerkungen geschehen kann, kritisch beleuchte.

Die eigentümliche Größe von Wundts Philosophie liegt in der höchst entwickelten Richtung seines Denkens auf das Gegenständliche. Den Verborgenheiten der Subjektivität nachzuspüren, das im Ich Eingewickelte heraufzuholen, die Innerlichkeiten des Erlebens zu belauschen: dies liegt weniger [41] innerhalb seines Interessenkreises. Dies zeigt sich auch in seiner Art, die Psychologie der Zeitvorstellung zu behandeln. Er hebt zwar mit Recht hervor, daß die Psychologie, da sie es mit der „subjektiven Zeitvorstellung" zu tun habe, dieser nicht den „abstrakten", „objektiven", naturwissenschaftlichen Zeitbegriff unterschieben dürfe. Aber das Allersubjektivste im Zeitbewußtsein, das Zeit-Innesein im eigenen Ichverflusse wird nicht in den Kreis der Untersuchung gezogen. Allen seinen Untersuchungen über die Zeitvorstellungen liegt schon die Voraussetzung zugrunde, daß das Ich ein ursprüngliches Zeit-Innesein besitzt. Es ist für seine Problemstellung höchst bezeichnend, daß er es, um die „psychologische Entstehung der Zeitvorstellungen" aufzudecken, für das Beste hält, von den einfachsten rhythmischen Vorstellungen (von Versuchen mit gleichförmig sich wiederholenden Taktschlägen) auszugehen. Soll die Rhythmik von Taktschlägen überhaupt für mein Bewußtsein vorhanden sein, so muß mir das Zeit-Bewußtsein als eine Ureigentümlichkeit meiner Bewußtseinsverfassung bereits zur Verfügung stehen. Die Untersuchung dieses primitiven Zeit-Inneseins liegt diesseits der Problemstellung Wundts. Besonders wird dies an Wundts Lehre von den „Zeitzeichen" deutlich. Die Verwertung der Zeitzeichen für die Entwicklung der Zeitvorstellung setzt bereits einen höchst subtil verfeinerten Sinn für zeitliche Unterschiede voraus[24]. Wundt würde

---

[24] Wilhelm Wundt, Grundzüge der physiologischen Psychologie, Bd. 3, 5. Aufl. (1903), S. 86f., 91ff.

wahrscheinlich die von mir vertretene Auffassung als eine „nativistische Theorie des Zeitsinnes" ablehnen.

2. So verschieden auch die Betrachtungsweise ist, unter die Eduard von Hartmann die Zeit rückt, so trifft er mit Wundt doch darin zusammen, daß auch er der phänomeno-[42]logischen Stellung zum Zeitproblem ferne steht. In seinem tiefdringenden, auf erstaunlicher Gedankenarbeit gegründeten Hauptwerk, der „Kategorienlehre", widmet er auch dem Zeitbegriff eine eingehende Untersuchung. Was er unter dem Titel „Die Zeitlichkeit in der subjektiv-idealen Sphäre" darlegt, ist in der Hauptsache eine Psychologie der Zeit. Die naturphilosophische und die metaphysische Behandlung der Zeit folgt in zwei weiteren Abschnitten.

Seine Psychologie der Zeit ist nun bei weitem überwiegend von erschließender, erklärender, konstruierender Art. Dabei zieht er nachdrücklich die physiologischen und physikalischen Reize heran und knüpft an sie die Erklärungen. Immerhin kommt es bei Hartmann doch auch zu gewissen phänomenologischen Sätzen. Es findet sich bei ihm die richtige Einsicht, daß sich die „subjektive Zeitlichkeit" letzten Endes aus Zeitstrecken von endlicher Größe zusammensetzt. Die kleinsten Zeitteile sind weder „punktuell extensionslos", noch unendlich klein. Aber er verdirbt diese richtige Einsicht dadurch, daß er die Zeit als eine „mosaikartige" Zusammensetzung aus ihnen ansieht. Hiervon war schon vorhin die Rede (S. 36). Wenn uns die Zeit, was sich nicht leugnen läßt, als ein „fugenloses Kontinuum" erscheint, so sei dies eben Schein und Täuschung.

Ferner aber ist für Hartmann die „subjektive Zeit" immer nur als etwas an den Empfindungen Haftendes vorhanden. Daß die Zeit auch den Vorstellungen, Gefühlen, Strebungen und tiefsten Grundes dem Ich-Gefühl eingeschmolzen ist, kommt bei ihm überhaupt nicht vor. Seine Lehre von der Zeit ist noch objektivistischer als die von Wundt[25].

3. Mich in grundlegenden Stücken der Philosophie mit Driesch in Übereinstimmung zu wissen: dies ist für mich [43] stets eine willkommene Bestätigung und Bekräftigung meiner eigenen Gedankengänge. In der Phänomenologie der Zeit dagegen vermag ich in wesentlichen Stücken nicht mit ihm zu gehen. Was Driesch hierüber lehrt, erscheint mir mehr eine theoretische Konstruktion als ein Ausdruck des tatsächlich Vorliegenden zu sein.

---

[25] Eduard von Hartmann, Kategorienlehre (1896), S. 68ff.

Von den Verschiebungen, die seine Lehre von der Zeit erfahren hat[26], sehe ich hier ab und halte mich an die letzte Darstellung, die er ihr gegeben hat[27].

Wenn Driesch den „Ur-Sachverhalt": „Ich habe bewußt" als „zeitunbezogen" bezeichnet, so liegt meines Erachtens eine künstliche Isolierung vor. Das Urerlebnis „Ich habe bewußt" läßt sich ohne Mitsetzen des Stetigkeitsgefühls nicht vollziehen. Vorstellungsmäßig freilich, gegenständlich ist die Zeitlichkeit in dem Satze „Ich habe bewußt" nicht enthalten. Aber das Erlebnis, das er bezeichnet, hat den Zeitverfluß in der Form des Implizite-Inneseins in sich. Sollte das „in Strenge zeitlose Ich habe", das Driesch an den Anfang alles Philosophierens setzt, nicht doch eine bloße Abstraktion sein?

So läßt denn Driesch die Zeit erst auf dem Wege der Erinnerung in unser Bewußtsein gelangen. Bestimmte Inhalte unseres Bewußtseins versehen wir mit der „Tönung": „damals". So entsteht eine Reihe von Damals-Tönungen, kurz: die „Damals-Reihe". Das letzte Glied dieser Reihe ist jeweilig das Jetzt. Driesch schärft ein, daß damit noch nicht [44] die Zeit gewonnen ist. Die Damals-Reihe ist eine Reihe von einzelnen „Punkten". Damit ist gesagt, daß das Damals kein Strecken-Erlebnis ist. Auch im Jetzt erlebt das Ich keineswegs zeitlich so etwas wie eine Strecke. Auch im Jetzt ist das Ich „originaliter ganz und gar unzeitbezogen". So ist also bei Driesch die „diskrete" Reihe von Damals-Tönungen das Erste. Hieraus allererst läßt er die stetige Zeit entspringen.

Fragt man aber, wie aus der diskreten Damals-Reihe der stetige Zeitverlauf werde, so antwortet Driesch: es komme in die diskrete Damals-Reihe ein „gewisses Mehr an Einheit", wenn ich sie „zu einer stetigen Reihe gleichsam umforme". Ich „sehe" die Reihe der Damals-Punkte als stetig an. Jetzt ist die stetige Zeit gewonnen. Es ist also das Bedürfnis nach einem Mehr an Einheit, der Wunsch nach einem „Mehr an Ordnung", was aus der diskreten Damals-Reihe die stetige Zeit macht. Das Ordnungsbedürfnis wurzelt aber schließlich in einem Sparsamkeitsbedürfnis. „Aus reinen Ord-

---

[26] In der Schrift „Wissen und Denken" (1919) sagt Driesch, daß er die Deduktion des Zeitbegriffes in nicht unwesentlichen Punkten verbessert habe (S. 35).

[27] Hans Driesch, Ordnungslehre, 2. Aufl. (1923), S. 146ff., 316, 325f. Die früheren Darlegungen über die Zeit finden sich an folgenden Stellen: Ordnungslehre, 1. Aufl. (1912), S. 102f., 148f., 273; Wissen und Denken (1919), S. 34ff.; Wirklichkeitslehre, 1. Aufl. (1917), S. 88ff.; 2. Aufl. (1922), S. 85ff.

nungsgründen, und zwar aus Sparsamkeitsgründen insonderheit", mache ich aus der „durchaus punkthaften" Damals-Reihe die durchaus unanschauliche, rein bedeutungshafte Zeit[28].

Wie ich die Sache sehe, gehört das Innewerden des stetigen Zeitflusses vielmehr zum allerintimsten Erleben des Ich. Bei Driesch dagegen ist das stetige Fließen etwas potenziert Sekundäres. Denn erstlich müssen sich die Damals-Punkte zu einer Reihe nach Maßgabe der Beziehung „früher als" und „später als" ordnen. Und zweitens tritt dann eine nach dem Gesichtspunkt der „Setzungsersparnis" sich richtende Betrachtungsweise hinzu: es sagt unserem Sparsamkeitsbedürfnis mehr zu, wenn wir aus der unsteten Reihe der Damals-Punkte die stetige Zeit „machen", als wenn [45] wir bei der unsteten Reihe stehen bleiben. So erhält das Zeitliche ein höchst kunstvolles und „erlebens-fernes" Aussehen. Die Zeit gehört in die Reihe des „Mittelbaren", des „Gemeinten". Von einem „Erleben zeitlicher Kontinuität" kann keine Rede sein.

Beim Entstehen dieser Theorie wurde, so scheint es mir, das schlichte Erleben des Gegebenen durch das Bedürfnis nach logischer Konstruktion in den Hintergrund gedrängt. In der ersten Auflage der Wirklichkeitslehre (in der zweiten ist der Ausdruck gestrichen) spricht Driesch, um seine eigene Auffassung von der Zeit zu kennzeichnen, von der Zeit als einem „erdachten Gefüge"[29]. Sollte er hiermit nicht an seiner eigenen Lehre von der Zeit unfreiwillig Kritik geübt haben?

4. Aus älterer Zeit will ich nur Kant und Locke heranziehen. Kant kommt in zahlreichen Erörterungen auf die Zeit zu sprechen. Doch sind es überwiegend Erörterungen erkenntnistheoretischer Natur; vielfach greifen sie auch ins Metaphysische hinüber. Zuweilen aber ist es einfache Beschreibung der Zeit-Gegebenheit, was er gibt oder doch geben will. Und nur nach dieser Seite interessiert uns Kant an dieser Stelle.

Kant hat die richtige Einsicht, daß wir des Zeitverflusses ursprünglich nicht aus dem Wechsel der äußeren Wahrnehmungsinhalte, sondern aus der Hinwendung des Blickes auf das fließende Ich innewerden. Wir schöpfen die Zeit aus „unserer Art, uns selbst innerlich anzuschauen". Die Zeit

---

[28] Driesch, Wirklichkeitslehre, 2. Aufl. (1922) S. 86.
[29] Driesch, Wirklichkeitslehre, 1. Aufl. S. 90.

stammt aus der „Selbstanschauung des Gemüts". Erst „mittelbar" gelangen die räumlichen Erscheinungen unter die Form der Zeit[30].

[46] Die Beschreibung aber, die er von dem Charakter der Zeit gibt, hat etwas Befremdliches. Einerseits ist die Zeit die Form des Nacheinander. Die Zeit hat „nichts Bleibendes"; wie denn auch in unserer inneren Anschauung etwas Beharrliches nirgends gegeben ist. Anderseits aber schärft Kant nachdrücklich ein: „die Zeit verläuft sich nicht"; sie ist „unwandelbar und bleibend"; nur die Erscheinungen wechseln in der Zeit; die Zeit selbst wechselt nicht; „wollte man der Zeit selbst eine Folge nacheinander beilegen, so müßte man auch eine andere Zeit denken, in welcher diese Folge möglich wäre"[31].

Was meint Kant mit dem bleibenden, nicht wechselnden Wesen der Zeit? Meint er damit, daß der Typus der Zeit immerdar das Nacheinander bleibt und kein anderes Gefüge an seine Stelle tritt; daß also die Zeit in sich durchaus gleichförmig ist? Dann hätte Kant eine Selbstverständlichkeit im Sinne gehabt. Natorp versteht Kant in diesem Sinne. Kant habe damit sagen wollen, daß „die einzige, immer identische Grundrelation des Vor und Nach" das Wesensgefüge der Zeit ausmache. Die Zeit selbst (so erklärt Natorp, Kant zustimmend) ist nicht veränderlich; sie fließt nicht, sondern steht und bleibt[32].

Sollte Kant wirklich nur diese Selbstverständlichkeit im Sinne gehabt haben, daß die Zeit an keinem Punkte des Vor und Nach ihr Wesensgefüge wechsle? Mir scheint: Kanten muß eine dunkle, mystische Anschauung vor Augen gestanden haben. Durch allen Fluß und Wandel der zeitlichen Gegenstände hindurch muß ihm die Zeit wie ein immerdar Gegenwärtiges, Stehendes erschienen sein. Niemals fehlt im Fluß der Erscheinungen das Jetzt; das Jetzt [47] ist immer gegenwärtig. Also steht, bleibt, beharrt doch die Zeit! Ist doch das Jetzt allgegenwärtig! Aus dem richtigen Urteil

---

[30] Kant, Kritik der reinen Vernunft; in der Transzendentalen Ästhetik, §6 und §8 (Reclam S. 61, 73).

[31] Ebenda im Schematismus, in der Ersten Analogie und im Vierten Paralogismus (Reclam S. 146, 175f., 322, 695)

[32] Natorp, Die logischen Grundlagen der exakten Wissenschaften (1910), S. 284ff.

„Immerdar ist für die Erscheinungen ein Jetzt da" wurde in dunkler Verdichtung das mystisch-scholastische Anschauungsgebilde des Nunc stans[33].

Auch ist folgendes zu bedenken. Wird der Zeit das „Wechseln" genommen und in die Erscheinungen verlegt, so wäre dann das, was den Namen „Zeit" verdient, eben etwas den Erscheinungen Zukommendes; und wir stünden dann wieder am Anfange des Problems: was ist denn eigentlich das Wesen der „Zeit"? Wir würden für Beantwortung dieser Frage die den Erscheinungen innewohnende Wesenseigentümlichkeit des „Wechselns" zu untersuchen haben. Kant geht also mit seiner Annahme am Wesenseigentümlichen der Zeit einfach vorbei.

5. Auch Locke schon hat die richtige Einsicht, daß die Zeitvorstellung aus der Selbstwahrnehmung entspringt. Indem wir unsere Aufmerksamkeit dem Zuge unserer Vorstellungen („train of the ideas") zuwenden, wird uns die Zeitfolge gegenwärtig. Er lehnt ausdrücklich die Ableitung der Zeitfolge aus der Bewegung ab: die Vorstellung der Zeit entsteht durch die Sukzession solcher Vorstellungen, die etwas Anderes als Bewegung zum Inhalte haben. Denn die Bewegungen werden nur dadurch wahrgenommen, daß ihnen ein Zug von Vorstellungen entspricht. Der Zug der „ideas" ist das Maß für alle anderen „successions"[34]. Mit [48] dieser Wendung ins Subjektive hat Locke seinen Betrachtungen über die Zeit die richtige Grundlage gegeben. Nur hätte er nicht dabei stehen bleiben dürfen, von der Vorstellung der Zeit zu sprechen. Er hätte bis zu dem unmittelbaren Innewerden der fließenden Zeit durch Hinwendung des Blickes („reflection") auf das fließende Ich als solches vordringen sollen.

Ungemein beschäftigt ihn die Frage, wie die Seele von dem subjektiven Ursprung der Zeitvorstellung aus zu einem Zeitmaß komme. Wie stellt es der Mensch an, um einen Zeitabschnitt als gleich mit einem anderen Zeitabschnitt zu erkennen? Er antwortet: die Gleichheit zweier Zeitlängen läßt sich nie beweisen, denn man kann nie zwei Zeitfolgen aufeinander legen. Maßstab für die Gleichheit zweier Zeitfolgen ist nur der Zug unserer

---

[33] Schopenhauer kommt einige Male auf das Nunc stans zu sprechen (Werke, Reclam, Bd. 1 S. 366, Bd. 4 S. 565, 575, Bd. 5 S. 49). Bei ihm indessen besteht kein Zweifel, daß er damit die in der Zeit stillstehende Ewigkeit meint. Das Eine und Selbe, das Wesen von sich selbst, das keine Zeit kennt, „existiert im Nunc stans".

[34] Locke, An essay of human understanding: im 14. Kapitel des zweiten Buches (§§ 4, 6, 12, 16).

Vorstellungen. Dieser liefert aber nur eine „vermutete oder scheinbare Gleichheit". Doch genüge dies völlig zur Zeitrechnung[35], ich führe dies lediglich als charakteristisch für Lockes konsequent-subjektivgerichtete Betrachtungsweise an.

VII. DIE ZEIT-GEGEBENHEIT IST NICHT INS ENDLOSE TEILBAR

1. Es besteht die Gefahr, daß in das Erlebnis „Zeit" Bestandstücke hineingetragen werden, die nach naheliegendem Eindruck darin eingeschlossen zu sein scheinen, tatsächlich aber in ihm nicht zu finden sind. Es ist dieselbe Gefahr, die überall dort begegnet, wo es sich um strenge Feststellung dessen, was reines Erleben, reine Erfahrung, Rein-Gegebenes in sich schließt, handelt. An verschiedenen Stellen meiner Schriften habe ich über die Belastungen und Verunreinigungen gesprochen, die dem Rein-Gegebenen [49] durch gewisse sich nur allzu leicht aufdrängende Hineinschiebungen widerfahren[36].

Ich fasse die Zerlegbarkeit der Zeitgegebenheit ins Auge. Wie weit reicht diese Zerlegbarkeit? Die genaue Antwort lautet: soweit ich noch bei schärfster Hinwendung der Aufmerksamkeit Teile zu unterscheiden vermag. Wenn ich an einem Zeit-Gegebenen über eine gewisse Grenze hinaus kleinere Teile nicht mehr zu unterscheiden imstande bin, dann sind eben in diesem Zeit-Gegebenen darüber hinausgehende, noch kleinere Teile auch wirklich nicht vorhanden. Die Teilbarkeit dieser bestimmten Zeitstrecke hört geradezu und schlechterdings dort auf, von wo an ich keine kleineren Teile zu bemerken vermag. Wenn für ein anderes Bewußtsein in der gleichen Zeitstrecke noch darüber hinaus Teile aufweisbar sind, so handelt es sich hier eben um ein anderes Zeit-Gegebenes, das völlig selbständig neben jenem besteht. Und diese andere Zeit-Gegebenheit enthält in der Tat noch dort Teile, wo jene erste keine mehr zeigt. Und ebenso wenn für ein drittes Ich die Zerlegbarkeit einer Zeitstrecke schon früher aufhört als in dem ersten Fall, so fehlt hier wirklich jene Geteiltheit, die in den beiden anderen Zeit-Gegebenheiten noch vorliegt. Wir haben es hier eben mit drei Dieshei-

---

[35] Locke, a. a. O. §21.

[36] Erfahrung und Denken (1886), S. 68ff. — Die Quellen der menschlichen Gewißheit (1906), S. 21f. — Gewißheit und Wahrheit (1918), S. 123ff.

ten von Zeit-Gegebenheiten zu tun. Und eine jede stellt hinsichtlich des Abfließens durch Teilstrecken einen anderen Sachverhalt dar. Die Zeit als Gegebenheit fließt in der Tat nicht durch solche Teilstrecken hindurch, die ich als Teilstrecken nicht mehr zu unterscheiden imstande bin.

2. Es gilt jetzt, die volle Tragweite dieser Feststellung [50] zu deutlichem Bewußtsein zu bringen. Da wird es vielleicht gut sein, zunächst die Raum-Gegebenheit heranzuziehen, mit der es sich in unserer Frage genau so wie mit der Zeit-Gegebenheit verhält.

Man stelle sich die Zerdehnung der Raum-Gegebenheit vor, wie sie das Mikroskop bewirkt. Was bedeutet die Vergrößerung eines Gegenstandes für den phänomenologischen Raum? Der Naturforscher macht beim mikroskopischen Sehen selbstverständlich die Voraussetzung, daß die hierbei zutage getretenen Mannigfaltigkeiten, die für das gewöhnliche Sehen nicht vorhanden sind, an dem fraglichen Dinge, auch wenn es vom gewöhnlichen Sehen wahrgenommen wird, wirklich existieren. Diese Selbstverständlichkeit ist aber nur darum in ihrem Rechte, weil der Naturforscher die Vergrößerung auf das dem mikroskopischen Gesichtsbilde zugrunde liegende bewußtseinsunabhängige Ding bezieht. Für den Naturforscher ist die Zerdehnung und Wiedereinschrumpfung des Gesichtsbildes völlig gleichgültig. Er denkt sofort etwa an das wirkliche Tröpfchen Blut und die wirklichen darin enthaltenen Krankheitserreger. Das Tröpfchen schließt, dies ist ihm selbstverständlich, all die kleinsten Raumerstreckungen in sich ein, in denen sich die mikroskopisch sichtbar gewordene Kleinwelt ausbreitet.

Wesentlich anders muß vom phänomenologischen Standpunkt aus geurteilt werden. Das durch das Mikroskop entstandene Gesichtsbild ist eine Raum-Gegebenheit für sich; sie besteht völlig unabhängig neben der Raum-Gegebenheit des gewöhnlichen Sehens. Man sehe nur hin, und man findet eben: die Raumerstreckungen, in denen sich die mikroskopischen Formen und Farben darbieten, und ebenso die Mannigfaltigkeiten selbst fehlen dieser gewöhnlichen Raumgegebenheit schlechtweg. Die Raumerstreckung des gewöhn-[51]lichen Sehens läuft mitnichten durch die Raumteile hindurch, welche die mikroskopische Kleinwelt in sich schließen. Sie nimmt an den Geteiltheiten der mikroskopischen Raumerstreckung und dem in ihr enthaltenen Reichtum an Formen und Farben schlechtweg nicht teil. Dies klingt nur darum seltsam, weil man dabei ausschließlich an die Außenwelt, den Außenraum, an die Naturdinge denkt. Diese enthalten freilich alle die Wunder wirklich, die uns das Mikroskop zeigt. Der gesehene Raum dagegen

41

schließt jedesmal nur das in sich, als was er sich uns gibt. Das eine Mal erstreckt er sich durch zahlreiche feine und feinste Geteiltheiten und deren mannigfaltige Ausfüllung hindurch, während er sich ein anderes Mal sozusagen abbreviatorisch darbietet. Er ist in diesem Falle eine Erstreckung vereinfachter Art. In dieser Erstreckung sind von einer gewissen Grenze an die feinere Raumgliederung und die sich darin ausbreitenden Mannigfaltigkeiten einfach ausgeschaltet; dabei verläuft sie aber doch vollkommen stetig.

3. Genau ebenso verhält es sich mit der Zeit. Wenn uns der Kinematograph die raschen Bewegungen beim Laufen, Springen, Ringen in verlangsamter Form zeigt, so liegt hier eine Zerdehnung der Zeit vor. Der Zuschauer setzt dabei als selbstverständlich voraus, daß das durch künstliche Zerlegung erzeugte Nacheinander der Körperhaltungen beim Laufen, Springen, Ringen in den Bewegungen des Athleten, so wenig wir es auch darin wahrnehmen, doch wirklich drinsteckt, daß seine Bewegungen alle jenseits der Grenze des Bemerkbaren liegenden Zeitabschnitte wirklich durchlaufen und sich so der Reihe nach in den Haltungen wirklich befinden, die uns künstlich vorgeführt werden. Phänomenologisch dagegen stellt sich die Sache anders dar. Denn hier ist ausschließlich auf den erlebten Zeitverlauf zu ach-[52]ten. In dem einen Fall nun (beim gewöhnlichen Sehen) zeigt mir dieser rein nichts von den kleinsten Zeitabschnitten, die mir in dem anderen Fall durch künstliche Veranstaltung wahrnehmbar werden. Ich erlebe eben tatsächlich nicht das Hindurchlaufen der Zeit durch jene feinsten Gliederungen, die mir in einem anderen Zeiterlebnis künstlich gegeben werden, und ich erlebe natürlich auch nicht jenes Nacheinander von Leibeshaltungen, die in jenen für mich unbemerkten Zeitteilchen stecken. Was ich erlebe, ist auch eine stetige Zeiterstreckung, nur eben eine von vereinfachter Art, eine unzerdehnte Zeit. In der unzerdehnten Zeit hat jenes Nacheinander von Leibeshaltungen, die mir kinematographisch zum Erleben gebracht werden, sozusagen keinen Platz.

Dementsprechend ist auch die Frage zu beantworten, was es für das Zeitgegebene bedeute, wenn der Psychologe, der die Zeitstrecke etwa zwischen einem Schalleindruck und der hierdurch ausgelösten Bewegung bestimmen will, an dem Chronoskop einen Zeitverlauf von Hundertdreißigtausendteilen einer Sekunde abliest. Keinesfalls kommen in unserem Zeiterleben Tausendteile einer Sekunde vor. Die Zeitgegebenheit schwebt gleichsam über die Tausend- und auch über die Hundertteile einer Sekunde hin, ohne sie zu berühren. Sie sind eben für die Zeitgegebenheit, so seltsam dies auch sein mag, einfach nicht vorhanden. Das Auseinanderhalten von Zeitteilen ist unserem Erleben nur in sehr bescheidenem Maße möglich. Schon die Zehnteilung einer Sekunde liegt an der Grenze des unserem Erleben Möglichen. Sonach bedeutet die vorhin angeführte Feststellung einer Zeitstrecke von Hundertdreißigtausendsteln einer Sekunde nur dies, daß, falls das Unmögliche wirklich wäre und unser Bewußtsein Tausendteile einer Sekunde auseinanderzuhalten [53] vermöchte, bei jenem Reaktionsversuch die erlebte Zeitstrecke hundertdreißig Sekundentausendstel umfassen würde. Es läuft auf dasselbe hinaus, wenn ich den Sinn jener Feststellung so ausdrücke, daß, falls es einen transsubjektiven, bis ins Unabsehbare teilbaren Zeitverlauf gibt, eine transsubjektive Zeitstrecke von hundertdreißig Tausendteilen einer Sekunde jenem Zeiterleben zwischen Schalleindruck und Bewegung entsprechen würde. Also nur eine in diesem Sinne hypothetische Bedeutung hat jene experimentell-psychologische Ermittelung.

4. Wenn das Dargelegte richtig ist, so gilt auch der Satz, daß für die Zeit-Gegebenheit das Problem der Teilbarkeit ins Endlose überhaupt nicht besteht. Und das Gleiche gilt vom Raum. Für die mir inne gewordene Zeit hört die Teilbarkeit dort schlechtweg auf, wo ich keine kleineren Zeitteile zu entdecken vermag; d. h. sie hört beim Jetzt auf. Das Jetzt ist mir zwar als kleinste Erstreckung gegeben; es hat eine gewisse Breite; aber ich bin außerstande, in dieser kleinsten Erstreckung irgendwelche Zerspaltung vorzunehmen. Sie bildet für mich den absoluten Schluß des Teilens.

Hiermit ist also ein gewisses Entweder-Oder beseitigt. Weder findet das Zerlegen an einem Zeit-Atom sein Ende. Für das Zeit-Gegebene hat der Begriff des Zeit-Atoms überhaupt keinen Sinn. Noch auch hat es einen Sinn, von einem Zerlegen in infinitum zu reden. Das Jetzt macht, wiewohl es keineswegs ausdehnungslos ist, sowohl dem Zerlegen in infinitum wie auch dem Zurückführen auf ausdehnungslose Punkte, auf Atome, ein Ende. Die Phänomenologie der Zeit steht sozusagen diesseits der Kantischen Antinomie.

Selbstverständlich ist mit dieser phänomenologischen Feststellung das Problem der Teilbarkeit der Zeit ins Endlose [54] nicht beseitigt. Es ist nur verschoben. Dem Naturphilosophen und Metaphysiker liegt es ob, über dieses Problem zu einer Entscheidung zu kommen.

VIII. DIE GESCHWINDIGKEIT DES ZEITVERFLIESSENS ALS SOLCHEN: DAS UNKONSTANTE DES ZEITMINIMUMS

1. Welchen Sinn hat es, zu sagen: die Zeit verläuft geschwinder oder langsamer? Und hat es überhaupt einen Sinn, von Geschwindigkeit, Beschleunigung, Verlangsamung des Zeitverlaufes zu reden? Wiederum meine ich nur die gegebene, erlebte Zeit.

Otto Liebmann gibt in seinem schönen Aufsatz „Über subjektive, objektive und absolute Zeit" eine meisterhafte Schilderung von den „Unregelmäßigkeiten und Schwankungen", denen die „subjektive, psychologische Zeit" unterworfen ist[37]. In Stunden der größten geistigen Lebendigkeit jagen sich Vorstellungen des mannigfaltigsten Inhalts; sie drängen sich gleichsam, wie Wolken vor dem Sturm, in den beschränkten Lichtbezirk des Bewußtseins. Dann wieder, in Stunden der Gedankenöde, schleicht der Gedankenabfluß träge, langsam, zögernd dahin, wie eine zähe, dickflüssige Masse.

Hier handelt es sich offenbar nicht um verschiedene Geschwindigkeiten des Zeitverflusses als solchen, sondern allein darum, daß sich die in der Zeit gegebenen Inhalte mit verschiedener Geschwindigkeit verändern. Jene Tatsachen sagen, daß die Aufeinanderfolge des zeitlichen Geschehens, nicht aber daß die Zeit selbst bald rascher, bald träger verläuft.

2. Daneben weist Liebmann auf die Tatsache hin, daß [55] „dem Glücklichen keine Stunde schlägt", dem Unglücklichen dagegen sich die Minuten zu Stundenlänge ausdehnen. Eine in Angst und Gefahr durchwachte Nacht will kein Ende nehmen, während eine im Rausch und Taumel des Genusses durchschwärmte wie ein Nichts verschwunden ist.

Auch hier handelt es sich nicht um Verlangsamung und Beschleunigung des Zeitverflußes als solchen, aber auch nicht um verschiedene Geschwindigkeit des Geschehens. Hier liegt vielmehr ein Unterschied in der Zeitschätzung vor. Nicht das die Zeit Ausfüllende verläuft in den herangezogenen Beispielen das eine Mal langsam, das andere Mal geschwind. In einer schlaflosen Nacht können die Vorstellungen ebenso rasch dahin jagen wie im Taumel des Genusses. Vielmehr kommt in jenen Tatsachen dies zum Ausdruck, daß sich für unser abschätzendes Gefühl und Urteil eine Zeitstrecke als zu lang, eine andere als zu kurz darstellt. Warten wir ungeduldig auf

---

[37] Otto Liebmann, Zur Analyse der Wirklichkeit. 2. Aufl. (1880). S. 94ff.

die Ankunft des Eisenbahnzuges, so kann es geschehen, daß wir überzeugt sind, schon eine halbe Stunde gewartet zu haben, während erst zehn Minuten verstrichen sind. Der Verliebte glaubt, die ihm für das Zusammensein mit seiner Erkorenen gegönnte Stunde sei erst zur Hälfte vorüber, während sie schon abgelaufen ist. Mit diesen Tatsachen stehen wir sonach vor der Frage der subjektiven Zeitschätzung. Weder mit Verlangsamung oder Beschleunigung des Zeitabflusses selbst, noch mit der verschiedenen Geschwindigkeit des Zeitinhaltes haben sie etwas zu tun.

3. Hat es denn hiernach überhaupt einen Sinn, von Geschwindigkeitsveränderungen im Ablauf der Zeit selbst zu reden? Ja, darf man überhaupt der Zeit als solcher Geschwindigkeit zuschreiben?

Es wird Klarheit in die Sache kommen, wenn wir uns [56] folgende Möglichkeit vorstellen. Wir erleben das Jetzt nicht als einen ausdehnungslosen Punkt, sondern als ein Zeitminimum, als einen Zeitansatz von allergeringster Breite, als ein Eben-Übergehen vom Punktuellen ins Ausgedehnte. Ich stelle mir nun eine derartige eingreifende Veränderung meiner ganzen Bewußtseinsverfassung vor, daß ich das, was ich bisher als Inhalt des sich mir als Jetzt darbietenden Zeitminimums erlebt habe, nun als ein Verfließen von zwei, drei, zehn, tausend Jetzten erlebe. Das heißt: ich würde beispielsweise dann die Veränderungen in der Stellung der Beine eines dahinjagenden Pferdes oder Hasen, die sich mir sonst als wirres Durcheinander darstellten, bequem beobachten können. Die Zeit-Lupe des Kinematographen macht für Jedermann deutlich, was hiermit gemeint ist: es wird mir eine Reihe von Veränderungen, die sich mir sonst als Inhalt von wenigen Jetzten darbieten, nun als Inhalt einer langen Aufeinanderfolge von Jetzten gegenwärtig. Es tritt gleichsam ein Auseinandergehen des Jetzt ein. Der Inhalt, der sonst in ein einziges Jetzt gleichsam zusammengepreßt war, hat sich nun in eine Reihe von Jetzten auseinandergezogen. So bin ich imstande, intimer in den Ablauf der Veränderungen hineinzublicken. Es steht nichts im Wege, sich die Zerdehnung meines bisherigen Jetztes in eine Reihe von Jetzten derartig anwachsend vorzustellen, daß ich dann eine abgeschossene Flintenkugel in ihrem Laufe verfolgen oder gar den Lichtstrahl auf seinem Wege begleiten könnte. (Nebenbei bemerkt: ich habe vom Auseinandergehen des Jetzt von seiner Zerdehnung gesprochen: das bisherige Jetzt hat sich in mehrere vollkommene, ganze Jetzte zerdehnt. Ich darf aber das Vorliegende ebenso richtig als ein Kürzerwerden des Jetztes bezeichnen. Damit ist dann gemeint, daß jedes der durch Zerdehnung des bisherigen Jetztes entstan-[57]denen Jetzte eine kürzere Erstreckung darstellt als das frühere Jetzt.)

Und ebenso läßt sich das Umgekehrte vorstellen. Mein Bewußtsein könnte in seiner Grundverfassung eine Umänderung nach der Richtung erfahren, daß sich mir das, was ich bisher in einer kürzeren oder längeren Folge von Jetzten erlebt habe, in ein einziges Jetzt zusammendrängt. Wie vorhin von Auseinandergehen oder von Zerdehnung des Jetztes, so könnte ich nun von Ineinandergehen der Jetzte, von ihrer Zusammenschrumpfung sprechen. Was sich mir beispielsweise sonst in einer langen Reihe von Jetzten als eine Melodie etwa von zehn Takten darstellte, würde mir nun, so will ich annehmen, als Folge von zwei Jetzten in das Bewußtsein treten. Das heißt: es würde an die Stelle einer Melodie ein wirres Ineinandertönen getreten sein. Der Gang der Sonne über den Himmel vollzieht sich für mich in einer Folge von zahllosen Jetzten. Bei genügend starker Zusammenschrumpfung der Jetzte könnte es kommen, daß ich die Sonne in rasendem Lauf über den Himmel rennen sähe. (Nebenher bemerkt: was ich soeben als Ineinandergehen oder Zusammenschrumpfung der Jetzte bezeichnete, stellt sich, von anderer Seite betrachtet, ebenso richtig als Ausgedehntwerden des Jetztes dar. Was mir vorher als eine Reihe von Zeitminima erschien, stellt sich mir nun als eine einzige kleinste Zeiterstreckung dar. Das jetzige Jetzt faßt weit mehr in sich als das frühere Jetzt.)

Ohne Zweifel würde sich in beiden Fällen, im Falle der Zerdehnung wie der Zusammenschrumpfung, für mein Bewußtsein die Geschwindigkeit des Zeitverflusses als solchen verändert haben. Hat sich mein Bewußtsein derart gewandelt, daß, was bisher ein Jetzt für mich war, sich in hundert Jetzte zerdehnt hat, oder umgekehrt, was bisher [58] hundert Jetzte für mich waren, in ein Jetzt zusammengeschrumpft ist, so hat sich offenbar mein erlebter Zeitabfluß im ersten Falle verlangsamt, im zweiten beschleunigt. Selbstverständlich wäre die transsubjektive Zeit hiervon völlig unberührt geblieben.

Ob diesen Möglichkeiten irgendwo eine Wirklichkeit entspricht, bleibe hier ganz dahingestellt. Wer wollte behaupten, etwas darüber zu wissen, in welchem Verhältnis die Aneinanderreihung der Jetzte für das Bewußtsein des Elefanten, des Faultiers, der Schwalbe, der Forelle, der Spinne zu dem Jetzt-Erleben des Menschen stehe! Und was die etwaigen Bewohner anderer Sterne betrifft, so kann man sich in erhabenen oder grotesken Phantasien darüber ergehen, wie sich für sie die Geschehnisse zerdehnen und sich so ihnen das Werden bis in seine für uns verborgenen Übergänge und weiter in die Übergänge dieser Übergänge und so immer weiter enthüllt, oder wie sich für sie die Geschehnisse zusammenziehen und sich so für sie das Werden vereinfacht und in immer steigendem Maße an Mannigfaltigkeit der Züge verliert.

4. Hier drängt sich die Frage auf, ob sich die für das menschliche Bewußtsein vermöge seiner Grundverfassung bestehende Ausdehnung des Jetzt als des Zeit-Minimums experimentell feststellen lasse. Es sind die der Ermittlung der Zeitschwelle dienenden Experimente, die für die Feststellung des sich uns als Jetzt darstellenden Zeit-Minimums unmittelbare Bedeutung zu haben scheinen.

Wundt versteht unter absoluter eigentlicher Zeitschwelle „den kleinsten Zeitwert, der noch als Zeit wahrgenommen werden kann". Durch experimentelle Untersuchung soll ermittelt werden, bei welchem geringsten Nacheinander von Sinneseindrücken diese noch als ein Nacheinander aufgefaßt [59] werden können. Dabei ergaben sich für Gehör, Gesicht und Tasten verschiedene Zeitwerte. Funken beispielsweise können, wenn sie um dreiundvierzig Tausendteile einer Sekunde voneinander abstehen, noch deutlich getrennt erscheinen. Für Tasteindrücke ergibt sich ein Mittelwert von siebenundzwanzig Tausendteilen, wogegen Gehörseindrücke unter besonders günstigen Umständen (es handelt sich um Knistergeräusche schwacher elektrischer Funken) schon, wenn sie uns um zwei Tausendteile einer Sekunde voneinander getrennt sind, als Nacheinander aufgefaßt werden[38].

Ist das erlebte Jetzt wirklich eine allerkleinste Zeiterstreckung, so scheint die Bedeutung dieser Experimente für die Ermittelung der Ausdehnung des von uns erlebten Jetzt auf der Hand zu liegen. Sollen wir imstande sein, zwei Sinneseindrücke, die um zwei Tausendstel einer Sekunde voneinander getrennt sind, als Nacheinander aufzufassen, so scheint die Erstre-

---

[38] Wilhelm Wundt, Grundzüge der physiologischen Psychologie, Bd. 3 (5. Aufl.), S. 45ff. — Benussi berichtet in seinem Werke „Psychologie der Zeitauffassung" (1913) über Experimente, die der Feststellung des anschaulich und der unanschaulich vergegenwärtigten Zeitstruktur gelten (S. 9-58). Hierbei spielt das, was ich das als Jetzt sich darbietende Zeitminimum nenne, zweifellos herein. Die „anschaulich erfaßbare" Zeitstruktur hat einen „nahezu sinnfälligen Charakter"; alles „Erinnerungsmäßige" ist ausgeschlossen; sie kann als „Gegenwart" bezeichnet werden. Und so spricht Benussi denn von „Schwellen der Anschaulichkeit". Allein da er innerhalb der anschaulichen Zeit die Unterschiede von „klein", „groß" und „unbestimmt" einführt, so scheint doch eine eindeutige Beziehung zwischen dem, was er die anschaulich vergegenwärtigte Zeitstrecke nennt, und dem Jetzt als Zeitminimum nicht zu bestehen.

ckung des Jetzt weniger als zwei Tausendstel einer Sekunde betragen zu müssen. Denn sonst würden ja die beiden Gehörsempfindungen in dasselbe Jetzt hineinfallen, also unmöglich auseinander gehalten werden können. Und allgemein scheint gesagt werden zu müssen, [60] daß der Zeitwert des Jetzt innerhalb des geringsten Zeitschwellen-Wertes fallen müsse.

So einfach liegt die Sache indessen doch nicht. Sie bedarf weiterer Klärung. Ist die aus jenen Experimenten gezogene Folgerung so zu verstehen, daß bei einer Zeitschwelle von zwei Sekunden-Tausendsteln mein Bewußtsein innerhalb einer Sekunde fünfhundert Jetzte auseinanderzuhalten imstande sein müsse? Eine solche Annahme widerstreitet dem unmittelbaren Erleben dermaßen, daß dies unmöglich als aus jenen Experimenten folgend angesehen werden darf. Ja auch schon das Getrennthalten von dreiundzwanzig Augenblicken in einer Sekunde, wie das bei dem für Gesichtsempfindungen ermittelten Zeitschwellenwert von dreiundvierzig Tausendteilen einer Sekunde der Fall sein müßte, darf wohl ohne weiteres als gänzlich unmöglich gelten.

Aber Derartiges folgt ja auch nicht aus jenen Versuchen. Es handelt sich in ihnen nicht um ein Nacheinander von Hunderten von Sinneseindrücken, sondern lediglich um zwei aufeinanderfolgende Eindrücke, die isoliert dem Bewußtsein dargeboten werden. Daraus aber, daß ich unter ganz besonders günstigen, höchst künstlich hergestellten Bedingungen imstande bin, zwei um wenige Tausendteile einer Sekunde voneinander getrennte Sinneseindrücke zeitlich zu unterscheiden, folgt nicht im mindesten, daß ich auch für eine längere Reihe von Sinneseindrücken, die sich unmittelbar aneinanderschließen, dieses zeitliche Getrennthalten zu leisten imstande sei.

5. Noch etwas Weiteres ist zu beachten, wenn jene Folgerung, daß der Zeitwert des Jetzt unterhalb des geringsten Zeitschwellen-Wertes liegen müsse, in die richtige Beleuchtung treten soll.

[61] Ich bin mir unmittelbar dessen gewiß, daß das, was ich als Jetzt erlebe, kein ausdehnungsloser Punkt, sondern ein fließendes Ausdehnungs-Minimum ist. Dagegen versagt die unmittelbare Gewißheit, wenn ich versuche, dieses Ausdehnungs-Minimum für meine Auffassung festzuhalten, so daß ich in den Stand gesetzt würde, es mir in seiner Ausdehnung vor Augen zu führen. Das Jetzt ist ja eben fließende Ausdehnung. Es liegt kein Mosaik vor, dessen Teile ich der Reihe nach fixieren könnte. Ich vermag daher auch nur ungefähr zu antworten, wenn ich mich frage, wieviel Jetzte ich bei ge-

wöhnlicher Bewußtseinshaltung etwa in einer Sekunde auseinanderhalten könne. So schwankend sich indessen auch hierzu meine Gewißheit verhalten mag: auf eine erhebliche Anzahl von Jetzten wird der unbefangene Mensch kaum kommen. Ob ich bei gewöhnlicher Bewußtseinshaltung, also nicht bloß dann und wann einmal unter künstlich hergestellten besonderen Bedingungen, sondern fortlaufend von Sekunde zu Sekunde etwa zwanzig Jetzte in der Sekunde getrennt zu halten vermag, erscheint mir zweifelhaft. Die Experimente lehren nur, daß das Ich unter ausgesucht günstigen Bedingungen bei genügend scharfer Aufmerksamkeit und ausgereifter Übung das Zeit-Minimum, als das sich ihm im gewöhnlichen Leben sein Jetzt darbietet, gleichsam zu zerschneiden vermag. Das Jetzt, das für das unbefangene Ich besteht, legt sich unter dem Einfluß von Aufmerksamkeit und Übung bei den experimentell hergestellten Bedingungen gleichsam in zwei, drei oder mehr Jetzte auseinander. Es vermag etwa Funken, die durch eine weit kleinere Zeit voneinander getrennt sind, als das gewöhnliche Jetzt beträgt, noch eben auseinanderzuhalten. Diese veränderte Verfassung in der Zeitstruktur des Ich gilt aber nur für den inneren Zustand während des [62] Experimentierens. Auch bei dem, der solche Versuche zu machen gewohnt ist, wird sich im gewöhnlichen Leben der Jetzt-Verfluß kaum anders gestalten als bei dem Laien in der Zeit-Psychologie. Solche Erwägungen werden, glaube ich, bei Beurteilung der Bedeutung der Zeitschwellen-Versuche für die Frage vom Jetzt als Zeitminimum zu beachten sein.

6. Jedenfalls lehren die Zeitschwellen-Experimente, daß das Zeitminimum, als welches sich unserem inneren Erleben das Jetzt darbietet, keine konstante Größe ist. Und auch was das gewöhnliche Bewußtsein betrifft, ist zu vermuten, daß die Breite des Jetzt innerhalb gewisser Grenzen schwankt. Auch im Verlaufe des gewöhnlichen Bewußtseins scheint mir unter dem Einfluß von Aufmerksamkeit und Übung das Jetzt sich in gewissem Grade verkürzen zu können. Was ich als unteilbaren Augenblick erlebt habe, kann sich unter gewissen Bedingungen zu einer kürzeren Erstreckung zusammenziehen. Auch kann man fragen, ob es nicht individuelle Unterschiede hinsichtlich der Größe des Zeitminimums gebe.

Doch wie dem auch sein mag: keinesfalls kann es sich um so starke Schwankungen handeln, daß sie sich in dem Verständigungs-Verkehr der Individuen untereinander störend bemerkbar machten. Wenn Jemand, um zu starken Beispielen zu greifen, die Aufeinanderfolge der Wörter beim Sprechen als wirres Geräusch empfände, oder dem Schreiten eines Menschen nicht zu folgen vermöchte, so würde sich dies im Verkehr der Menschen sofort zeigen. Indessen lasse ich diese ganze Frage der Schwankungen des Zeit-Minimums offen. Sie erscheint mir nicht geklärt genug.

IX. DIE ABSOLUTHEIT DES JETZT

1. Mag auch das Jetzt als Ausdehnungs-Minimum eine innerhalb enger Grenzen schwankende Größe sein, so ist [63] hiermit das Jetzt doch keineswegs zu etwas Relativem geworden. Das Jetzt ist in strengstem Sinn des Wortes absolut. Jedes Jetzt, das ich erlebe, ist dieses bestimmte Jetzt, das eben gerade „jetzt" für mich da ist und nicht da war, auch nicht da sein wird, sondern diesen unverwechselbaren Platz in der Reihenfolge der Jetzte hat, den ich eben gerade erlebe. Freilich verrinnt mir das Jetzt, indem ich es habe und erlebe. Es besteht nur als Fließen. Aber dies nimmt ihm nicht im mindesten den Charakter der Absolutheit. Jedes Jetzt, das ich erlebe, ist eben, trotz seines Fließens, diese eindeutige Stelle des Fließens, die eben jetzt für mein Erleben da ist. Jede Gegenwartsstelle ist für mich absolute Diesheit.

Die absolute Diesheit des Jetzt läßt sich allerdings nicht beweisen. Aber dies ist auch nicht nötig, denn sie wird unmittelbar erlebt. Mein Erleben ist gleichsam ein geistiges Mit-dem-Finger-Hinweisen auf das jeweilige Jetzt. Ich habe das Jetzt als dieses eindeutige Jetzt wirklich gerade dann, wenn ich es habe. Das jeweilige Jetzt ist absolut unterschieden von jedem anderen vergangenen oder künftigen Jetzt. Es bekundet sich dadurch, daß es als gerade dieses Jetzt erlebt oder gehabt wird. So hat jedes erlebte Jetzt seine eindeutig bestimmte, nicht verschiebbare, nicht verwechselbare, nicht umtauschfähige Stelle im erlebten Zeitverflusse.

Wir erinnern uns hier, daß wir die Zeit nicht isoliert, nicht für sich, nicht gleichsam in ihrer Nacktheit erleben; sie ist für uns nur als ein „Implizite-Gegebenes" vorhanden, als eingeschmolzen in den Lauf unserer Empfindungen, Vorstellungen, Gefühle, Begehrungen. Wir erleben sonach auch die absolute Diesheit des Jetzt niemals in Isoliertheit, sondern immer als implizite enthalten in den vorüberströmenden Bewußtseinsinhalten. Die absolute Diesheit des Jetzt stellt sich mir immer als konkret, als inhaltserfüllt dar.

[64]   2. Die Rede von der Relativität der Zeit ist heute in Jedermanns Munde. Zahllose Aufsätze, Broschüren, Bücher sind der Relativität der Zeit gewidmet. Selbst in politischen Zeitungen und in Unterhaltungsblättern kann man von der nun endgültigen Feststellung der Relativität der Zeit durch Einstein lesen. Nach meiner Überzeugung herrscht in den Erörterungen über diese Frage Unklarheit und Verwirrung in nicht gewöhnlichem Maße. Und dieser Übelstand rührt zum Teil wenigstens daher, daß die Zeit in ihrem einfachen Gegebensein verkannt wird und insbesondere die absolute Diesheit des Jetzt unbeachtet bleibt. Die absolute Diesheit des Jetzt ist von kaum zu überschätzender Tragweite für die Beurteilung aller die Relativität der Zeit betreffenden Fragen.

Namentlich begegnet man folgendem Gedankengange häufig. Zum Zweck brauchbarer Zeitangaben müsse man, so wird gesagt, „ein Ereignis als Bezugspunkt wählen". Es sei nun aber völlig „willkürlich", welcher Zeitpunkt als „Ausgangspunkt" gewählt werde. Wenn ich sage: „vorgestern wurde ich dreißig Jahre alt", oder: „am 5.Februar 1924 erreichte ich dieses Alter", so ist damit der gleiche Zweck erfüllt. Das eine Mal ist der Tag, in dessen Verlauf ich eben stehe, das andere Mal ein bestimmtes längst vergangenes, für Zeitangaben allgemein anerkanntes Jahr willkürlich zum Bezugspunkt gemacht. Das Entscheidende ist nun aber dies, daß dieser ohne Zweifel richtige Sachverhalt unmittelbar als Beweis für die Relativität der Lage in der Zeit angesehen wird[39].

[65]   Hier liegt augenscheinlich ein Denkfehler vor. Es wird die für Jedermann verständliche Bezeichnung einer bestimmten Zeitstelle mit dem Wesen dieser Zeitstelle, die zur Mitteilung geeignete Angabe dieser Zeitstelle mit dem, was diese Zeitstelle selbst ist, verwechselt. So verschieden die Bezugspunkte sind, so ist doch die gemeinte Zeitstelle von absoluter Diesheit. Ich habe vorgestern meinen Geburtstag als ein Absolut-Dieses erlebt. Doch vermag ich diese absolute Zeitstelle nur dadurch Anderen mitzuteilen, daß ich gewisse Zeitstellen, die ich als den Anderen bekannt voraussetze (etwa den heutigen Tag, den Regierungsantritt des gegenwärtigen Herrschers, die

---

[39] So neuerdings bei Josef Winternitz, Relativitätstheorie und Erkenntnislehre (1933), S. 30ff. Winternitz macht sich selbst den im Text auseinandergesetzten Einwand (S. 34), geht aber darüber mit Wendungen hinweg, die da zeigen, daß ihm das Gewicht des Einwandes nicht eingeleuchtet hat. Auch stellt der Verfasser die Sache so dar, als ob die Leugnung der Relativität der Zeit mit der Annahme einer leeren absoluten Zeit verknüpft sei (S. 35). In Wahrheit hat die Feststellung dessen, daß jedes Jetzt ein Absolut-Dieses ist, mit der Frage, ob es eine leere Zeit gibt, rein nichts zu tun.

Geburt Christi), zur Vergleichung heranziehe und angebe, wie weit die gemeinte Zeitstelle von dem Bezugspunkte entfernt liegt. Diese Bezugspunkte werden dabei gleichfalls als Zeitstellen von absoluter Diesheit vorausgesetzt.

3. Ist jedes Jetzt ein Absolut-Dieses, so ist auch jedes Nacheinander von absoluter Diesheit. Daß dieses Jetzt eingerahmt ist von dem vorher von mir und dem nachher von mir erlebten Jetzt, trägt genau so unbedingt das Gepräge der Diesheit wie jedes einzelne Jetzt. Daß ich diese bestimmten Empfindungen, Vorstellungen, Gedanken, Gefühle, Begehrungen nacheinander erlebe, ist ein absolut feststehendes Dieses. Die Bewegung in der Zeit steht unverrückbar, unvertauschbar als dieses erlebte Nacheinander fest. Unter jedem beliebigen Zeitwinkel bleibt dieses so und nicht anders erlebte Nacheinander als festgenagelte Tatsache bestehen. Und wenn eine göttliche Intelligenz sich dieses mein Nacheinander von Empfindungen zum Gegenstande macht, so [66] muß auch sie dieses Nacheinander, so sehr es sich auch für sie „sub specie aeternitatis" darstellt, als eine für mein Bewußtsein so und nicht anders vorhanden gewesene Tatsache anerkennen.

Es wäre sinnlos anzunehmen, daß dieses von mir erlebte Nacheinander — etwa Gesichtswahrnehmung „Apfel", Begehren mit dem Inhalt „Apfel", angenehme Geschmacksempfindung — von irgendeinem Bezugspunkte aus zu einem Zugleichsein, zu einem rückwärtslaufenden Nacheinander, zu einer in sich kreisförmig zurückgehenden Bewegung würde. Wenn wirklich irgendeinem Bewußtsein jenes von mir erlebte Nacheinander in einer dieser Formen erschiene, so wäre damit nicht gesagt, daß jenes bestimmte Nacheinander nicht existiert habe und an seiner Stelle ein Zugleich, ein umgekehrtes Nacheinander, ein kreisförmiger Verlauf wirklich gewesen sei; sondern es würde sich vielmehr jenes von mir erlebte Nacheinander zu diesen Formen wie ursprüngliches Sein zu einem falschen Abbild, wie Existenz zu Schein verhalten. Jenes Nacheinander hat existiert; dies ist nicht ins Wanken zu bringen, auch wenn irgendeinem Bewußtsein jene bestimmt geartete Existenz als Vorstellungsinhalt anderer Art vorschweben sollte. Dort handelt es sich um Existenz, hier um Spinnweben und Seifenblasen.

4. Genau das Gleiche gilt vom Raume. Es wird nicht überflüssig sein, auch beim Raume den entsprechenden Sachverhalt festzustellen. Ja am Raume treten die entscheidenden Gesichtspunkte noch deutlicher hervor. Die Betrachtung des Raumes ist noch geeigneter als die der Zeit, etwa aufkommende Zweifel niederzuschlagen. Ich rede dabei – ganz wie bei der Zeit – nur von dem erlebten, das ist: dem gesehenen oder getasteten Raum.

[67]   Ich schicke dabei voraus, daß wir niemals und nirgendwo ausdehnungslose Punkte sehen oder tasten. Der mathematische Punkt tritt uns, welche Bedeutung er auch für Mathematik und Naturwissenschaft haben mag, nirgends als ein Gegebenes gegenüber. Wenn ich hier also von Raumpunkten rede, so meine ich damit immer ein Minimum von räumlicher Ausdehnung.

Geradeso wie jedes Jetzt ist auch jedes Hier absolut. Das Hier, das ich sehe, ist ein für allemal eindeutig dieses bestimmte Hier, dieser bestimmte Raumpunkt. Der rote Fleck, den ich sehe, ist in meinem gegebenen Raum eindeutig diesem bestimmten Ort im Raum zugeordnet. Es ist ein geradezu unsinniger Gedanke, wenn ich mir vorstelle: ich könnte dieses Hier, das sich mir durch diesen roten Fleck kennzeichnet, auch anderswo im Raume sehen. Jedes „Anderswo" wäre dann eben nicht dieses Hier. Wie das Jetzt, so ist auch das Hier von absoluter Diesheit. Auch wenn ich morgen, weil vielleicht der rote Fleck verschwunden ist, dieses Hier nicht mehr genau zu bezeichnen vermöchte, so wäre dies nur ein Mangel meines Wissens; keineswegs aber wäre damit die absolute Diesheit des gestrigen Hier irgendwie schwankend geworden. Es läge nur die Tatsache vor, daß ich es nicht mehr aufzufinden wüßte. Selbst wenn ich mir vorstelle, daß der ganze Raum mit einer schlechthin gleichförmigen Masse ausgefüllt wäre, so daß kein Teilchen von dem anderen unterschieden werden könnte, so wäre doch jeder Raumpunkt ein absolutes Hier. Ich würde dann das jetzt gemeinte Hier zwar nicht wiederzuerkennen imstande sein. Aber die Absolutheit des Hier bliebe durch diesen Wissensmangel völlig unangetastet. So hat also jedes Hier seine eindeutige, nicht verschiebbare, nicht umtauschbare, nicht verwandelbare Stelle in der gegebenen [68] Raumausbreitung. Jedes Hier ist ein dieses Hierda, ist ein „absoluter Ort".

Das „Diesesda" ist also zwiefältig absolut fixiert: räumlich wie zeitlich, als hic und als nunc. „Hic et nunc" ist der Ausdruck für die unüberbietbare absolute Diesheit.

5. Mit der absoluten Diesheit des Hier ist unmittelbar die Lage des Hier als ein Absolut-Dieses gemeint. Die absolute Diesheit der Lage des Hier ist nur ein genauerer Ausdruck für die absolute Diesheit des Hier. Indem ich dieses rote Fleckchen sehend fixiere, habe ich die unmittelbare Gewißheit, daß es sich inmitten seiner umgebenden Raumpunkte in absolut eindeutiger Lage befindet. Eine völlig andere Frage ist es, wodurch sich das Eindeutige dieser Lage mathematisch ausdrücken läßt. Hier habe ich es

nicht mit dem durch Einführung des Koordinatenbegriffs mathematisch durchkonstruierten Raum, sondern mit der sozusagen naiven Raumgegebenheit zu tun. Und da ist es denn reine Gegebenheitsgewißheit[40], daß sich jedes gesehene Hier in absolut eindeutiger Lage inmitten seiner Umgebung befindet. Nicht etwa nur isolierte Einzelheiten sind mir unmittelbar gewiß (wie beispielsweise „dies da ist weiß"); sondern die reine Gegebenheitsgewißheit erstreckt sich auch auf Beziehungen. Auch der Satz „Weiß sieht anders aus als Schwarz" ist eine Gewißheit vom Rein-Gegebenen. Eine bestimmte Relation — daß Weiß sich von Schwarz unterscheidet — wird als ein „Absolut-Dieses" festgestellt. Und so ist auch jede Gewißheit vom Hier eo ipso eine Relations-Gewißheit. Jedes Hier schließt absolut eindeutige Beziehungen zu den umgebenden Hier-Punkten in sich.

[69] Mir scheint, daß die sprachliche Verwandtschaft von „Relation" und „Relativität" hier verwirrend gewirkt hat. Wo Relation vorliegt, scheint Relativität gegeben und Absolutheit ausgeschlossen zu sein. Dies ist grundfalsch. Mit „Relation" ist es durchaus verträglich, daß sie als ein absolut Festgelegtes, als ein Absolut-Dieses besteht. Das Schwankende, Subjektiv-Willkürliche, So-und-auch-Anders-Sein-könnende, was mit dem Begriff der „Relativität" verknüpft ist, braucht nicht im mindesten der „Relation" anzuhaften.

So darf ich denn auch, rückblickend auf die Zeit, sagen: auch das Jetzt stellt sich mir, auf Grund der Gewißheit vom Rein-Gegebenen, als eine Lage, Beziehung, Relation von absoluter Diesheit dar. Indem ich dieses Jetzt als ein Absolut-Dieses habe, habe ich es als eingelagert zwischen gleichfalls absolut-bestimmtem Vorher und Nachher. Seine Einlagerung ist eine Relation, trägt aber gleichwohl das Gepräge absoluter Diesheit. Und sie trägt dieses Gepräge auf Grund der reinen, vorlogischen Gegebenheitsgewißheit.

6. Der elementare Denkfehler, den ich bei Betrachtung der Zeit hervorgehoben habe, findet sich auch überaus häufig in Gedankengängen, die über die Relativität des Raumes angestellt zu werden pflegen.

Es wird etwa gesagt: für ein bestimmtes Ding gilt die Angabe, daß es hundert Schritte rechts von mir liegt; für dasselbe Ding gilt aber, wenn

---

[40] In meinen erkenntnistheoretischen Schriften nenne ich diese Grundlage alles Erkennens die Selbstgewißheit des Bewußtseins oder die Gewißheit vom Rein-Gegebenen oder die Gewißheit der reinen Erfahrung.

ich mich in einer anderen „Ausgangssituation" befinde, vielleicht die Bestimmung, daß sich jenes Ding hundert Schritte links von mir findet. Hiermit sei, so wird hinzugefügt, die „Relativität der räumlichen Lage" gegeben. „Man sieht nicht unmittelbar absolute Orte". Eine bestimmte, „eindeutige Bedeutung" kommt nie einer Stelle im Raume selbst zu.

[70] Offenbar wird hier die Relativität des Beschreibens und Angebens zum Zwecke einer verständlichen Mitteilung mit der Relativität des wirklichen Gegebenseins verwechselt. Gerade damit, daß es gänzlich belanglos und gleichgültig ist für die Lage im Raum, ob man die Schritte bis zu der gegebenen Stelle von rechts oder links, von vorn oder hinten zur Angabe benützt, ist unmittelbar dargetan, daß die Stelle im Raum nicht von den Willkürlichkeiten des Angebens, nicht von der Relativität des Beschreibens abhängt. Die Existenz des Gegebenseins ist etwas schlechtweg Anderes als die subjektiven Gesichtspunkte des Beschreibens. Diese rühren überhaupt nicht an jene. Winternitz sagt: eine räumliche Bestimmung für sich bedeutet nichts[41]. Vielmehr: das fixierende Sehen einer bestimmten Stelle im Raum, das Zeigen mit dem Finger auf ein Hier oder Dort ist eine „räumliche Bestimmung" schlechtweg endgültiger Art.

Auch solche Ausdrücke wie Oben und Unten, Vorn und Hinten, Rechts und Links sind keineswegs in dem Sinne relativistisch, wie man gewöhnlich meint. In der Raumgegebenheit wenigstens, nicht freilich in einem für die Zwecke der Naturwissenschaft konstruierten Raume, bedeuten diese Gegensätze absolut eindeutige Raumverhältnisse. Die räumliche Relation des Kopfes zu den Füßen hat die sprachliche Bezeichnung des Oben und Unten erhalten. Wenn ich also die Wörter „Oben" und „Unten" auf den menschlichen Leib anwende, so ist damit ein absolut eindeutiges Lageverhältnis gemeint. Auch wenn ich waagerecht liege oder auf dem Kopf stehe, zielt die Bezeichnung „Oben" und „Un-[71]ten" immer auf dieselbe eindeutige räumliche Relation. Wenn ich beim Stehen auf dem Kopfe bezweifele, ob ich dann die Füße nicht lieber als das Oben, den Kopf als das Unten ansehen solle, so ist dies ein Zweifel, der sich auf das bloße Benennen bezieht. Das Lageverhältnis, das ich mit der Bezeichnung „Oben" und „Unten" meine, ist absolut das gleiche geblieben. An der räumlichen Aneinanderrei-

---

[41] Winternitz, Relativitätstheorie und Erkenntnislehre, S. 39; 35f. Marty rechnet den Unterschied von Rechts und Links mit Recht zu den „absoluten örtlichen Bestimmtheiten"; denn „der eine Ort kann nicht der andere sein" (Raum und Zeit, S. 249).

hung von Kopf, Hals, Rumpf, Schenkeln, Füßen hat sich nicht das Mindeste verschoben[42].

7. Freilich scheint nun doch durch die Tatsache der Ortsveränderung der Dinge im Raume die Absolutheit in Sachen des Raumes stark gefährdet zu sein. Die Bewegung der Dinge schließt in sich, daß aus jedem Hier ein Dort, aus jedem Dort ein Hier werden kann. Die räumlichen Beziehungen sind aufhebbar, umwandelbar. Wie soll da noch hinsichtlich der räumlichen Beziehungen von Absolutheit die Rede sein?

Genauer betrachtet indessen liegt die Sache vielmehr so, daß die Ortsveränderungen selbst von absoluter Diesheit sind. Jede gesehene Bewegung ist eine Bewegung durch eindeutig bestimmte Hierpunkte. Habe ich etwa den Sekundenzeiger eine Umdrehung machen sehen, so besteht unverrückbar die Tatsache, daß innerhalb eines absolut bestimmten Raumfeldes eine kreisförmige Bewegung stattgefunden hat. Auch wenn sich der Beurteiler in einem vier-[72]dimensionalen Sein befände, oder wenn er in einem raumlosen Töne-Medium lebte, müßte er anerkennen, daß für mein Ich eine kreisförmige Bewegung an diesen absoluten Hierpunkten existiert hat[43]. Wenn ihm mein Kreisförmig-Raumgegebenes als geradlinig oder als spiralförmig erscheint, so besagt dies nicht eine Gleichwertigkeit des Seienden, als ob das für mein Ich vorhanden gewesene Raumereignis ebensosehr von geradliniger oder spiralförmiger Beschaffenheit gewesen wäre. Vielmehr verhält sich die Auffassung jenes Beurteilers zu meinem kreisförmigen Raumereignis wie Schein zu Existenz, wie entstellendes Abbild zur urbildlichen Wirklichkeit. Natürlich ist die für das Ich jenes Beurteilers vorhandene geradlinige oder spiralförmige Gegebenheit, wenn sie nicht mit dem An-

---

[42] Mit der Behauptung, daß die örtlichen Bestimmtheiten absolute Bedeutung haben, finde ich mich mit Marty auf gleichem Boden. Er bekämpft die Auflösung des Raumes in bloße Relativitäten gründlich und scharfsinnig. Doch gehe ich etwas anders vor als Marty. Sein durchschlagender Grund besteht in dem Hinweis darauf, daß die begründeten Relationen absolute Bestimmungen als Fundamente voraussetzen (Raum und Zeit, S. 72). Ich dagegen lasse die Frage nach dem „Fundament" gänzlich bei Seite, sondern bleibe bei der „absoluten Diesheit" stehen.

[43] Wenn wir bei Winternitz lesen (a. a. O. S.27): „Wie ein und derselbe Körper zur gleichen Zeit nahe und fern, rechts und links, oben und unten ist, je nachdem von welchem Körper man bei der Beurteilung seiner Lage ausgeht, so wird eine und dieselbe Bewegung langsam und schnell, gleichförmig und ungleichförmig, geradlinig und krumm sein, je nachdem auf welchen Körper man sich bei der Beschreibung der Bewegung bezieht": so leuchtet ein, daß hier die harmlose Relativität beim Beschreiben des Erlebten mit der schwerwiegenden Relativität der als seiend erlebten Sachlage verwechselt ist.

spruch auftritt, meine Raumgegebenheit abbilden und deren Relativität dartun zu wollen, sondern wenn sie für sich betrachtet wird, gleichfalls ein Absolut-Dieses. Der Vorstellungsinhalt „geradlinige Bewegung" besteht innerhalb dessen, was für jenen Beurteiler sein Gegebenes ist, gerade so unverrückbar wie für mein Ich das als kreisförmige Bewegung Gesehene. Beide Gegebenheiten bestehen als „absolut Diese" nebeneinander, ohne daß die eine die andere widerlegte oder aufhöbe oder umwandelte.

8. Durch einen gewissen Sachverhalt erhält die Relativität der Bewegung eine besondere Scheinbarkeit. Da die Dinge [73] gegeneinander beliebig beweglich sind, so kann es geschehen, daß, während innerhalb eines Ganzen von Dingen ein Teilding seine Lage zu den übrigen Teildingen ändert, sich dieses Ding-Ganze seinerseits gleichfalls bewegt und so in seiner Lage zu den umgebenden Dingen beständig Veränderungen eintreten. So widerfährt jenem Teilding eine Bewegung doppelten Ursprungs; nichtsdestoweniger ist die sich so ergebende Bewegung von unbedingter Eindeutigkeit, von absoluter Diesheit. Ich, auf dem Deck eines dahingleitenden Schiffes auf- und abgehend, befinde mich in schlechtweg eindeutiger Bewegung. Und ebenso kann es geschehen, daß ein Teilding ruht im Verhältnis zu dem Ding-Ganzen, zu dem es gehört, dieses Ding-Ganze aber im Verhältnis zu seinem umgebenden Ding-Ganzen seine Lage ändert. Hier gilt von dem Teilding, sowohl daß es ruht, wie auch, daß es sich bewegt. Damit ist aber weder ein Widerspruch gesagt, noch auch ist mein Ruhen oder meine Bewegung irgendwie zweideutig geworden. Ich, auf dem Deck des Schiffes stehend, befinde mich im Verhältnis zum Schiffsganzen in ruhender Lage: dies ist ebenso richtig wie der andere Satz, daß sich mein räumliches Verhältnis zu den Dingen am Ufer beständig in eindeutiger Weise ändert. Jenes Verhältnis wie dieses drücken eine existierende absolute Relation in meiner Raumgegebenheit aus. Beide Male kann ich die Sachlage noch dadurch verwickelter machen, daß ich noch die Erde als ein sich um die Sonne bewegendes Ding-Ganzes oder vielmehr, wie ich vom Standpunkte der naiven Raumgegebenheit sagen muß, die über den Himmel wandernde Sonne dazunehme. Damit kommt aber nichts prinzipiell Neues dazu.

Überhaupt liegt in dem ganzen angedeuteten Sachverhalte, sobald man die Beweglichkeit der Dinge gegeneinander als [74] gegebene Tatsache zugrunde legt, kein raumphilosophisches Problem; sondern es sind nur mathematische Aufgaben, die sich hieraus ergeben. Freilich ist die Bewegung ein philosophisches Problem. Wie kommt es überhaupt zu so etwas wie

Bewegung? Wie verhält sich Bewegung zu Kraft und Tätigkeit? Bedarf die Bewegung einer Substanz, an der sie sich vollzieht? Ist aber einmal die Bewegung als eine Tatsache anerkannt, dann versteht es sich von selbst, daß zwei Dinge gegeneinander in Ruhe sein können, während doch das Ding-Ganze, zu dem sie gehören, im Verhältnis zu seiner Umgebung den Ort verändert hat. Hiermit sind zwei absolut eindeutig existierende Raumrelationen bezeichnet. Von einer Zweideutigkeit, Umtauschbarkeit ist keine Rede.

Winternitz sagt: wenn zwei Körper A und B in Bewegung zueinander begriffen sind, so sei die Frage, welcher von beiden nun in Wirklichkeit bewegt sei, sinnlos[44]. Wenn er so spricht, so hat sich ihm die schlichte Gegebenheit durch relativistische Reflexionen verfälscht. Mein Raumgegebenes zeigt mir vielmehr mit absoluter Evidenz, entweder daß nur A oder daß nur B bewegt ist oder daß beide sich in Bewegung befinden. Diese Gegebenheitsereignisse kann ich durch keinerlei mathematische Spekulationen aufheben.

Ich darf auch sagen: jedes „Bezugssystem", von dem ich zur Orientierung über die Bezugsverhältnisse ausgehe, ist relativ. Erich Becher legt mit ausgezeichneter Klarheit dar, wie jede Orts-, Ruhe- und Bewegungsfeststellung von dem jeweilig gewählten Bezugskörper abhänge. Je nachdem ich einen auf dem Deck eines Flußdampfers schreitenden Matrosen relativ zu seinem Schiffe oder zum Wasser des strömenden Flusses oder zu den Ufern und der Erdfeste [75] oder zur Sonne oder zu einem anderen Stern betrachte, wird die Feststellung anders lauten. Aber Becher vergißt nicht, hinzuzufügen, daß mit der Anerkennung dieser Relativität noch keineswegs gesagt sei, daß „der Ort eines Körpers oder seine Bewegung überhaupt relativ seien, daß es einen Ort schlechthin, einen absoluten Ort und eine absolute Bewegung gar nicht gebe"[45].

X. DIE UMSPANNUNGSWEITE DER ZEIT

1. Daß die Zeit, während dem Raume drei Dimensionen zukommen, nur eine Dimension habe, hat nahezu das Gewicht eines Axioms. Im

---

[44] Winternitz, a. a. O. S. 29. Ähnlich spricht Gawronsky, Die Relativitätstheorie Einsteins im Lichte der Philosophie (1924) S. 23f.

[45] Erich Becher, Weltgebäude, Weltgesetze, Weltentwicklung (1915), S. 162ff.

Nacheinander, so meint man, erschöpfe sich das Zeitgefüge. Denn jedes Ereignis ist der Zeit nach eindeutig bestimmt, wenn seine Nachbarschaft im Nacheinander angegeben ist. Die Zeit wird daher im Bilde einer geraden Linie vorgestellt, und zwar einer Linie im strengsten Sinn, einer Linie ohne Breite und Dicke.

Wenn man sich dagegen unbefangen dem Eindruck des Zeitgegebenen hingibt, so liegt die Sache doch anders. Wäre die Zeit, die wir erleben, wirklich nichts als Nacheinander, wirklich eine reine, ideale Linie, so könnte es kein Zugleich für mein Erleben geben. Ich würde dann immer nur einen einzigen Bewußtseinsinhalt gegenwärtig haben dürfen: dieses Rot, diesen Ton, diesen Schmerz, dieses Begehren. Nun aber zeigt mir meine Innenerfahrung doch unwidersprechlich in jedem Augenblick, daß genau in demselben Jetzt verschiedene Inhalte für mich bestehen. Wenn ich zu meinen Zuhörern spreche, so höre ich nicht nur meine Stimme, sondern sehe zugleich meine Zuhörer, und zugleich wickelt sich ein Gedankengespinst in mir ab; und [76] wenn das Glockenzeichen ertönt, so ist dieser Schalleindruck zugleich mit dem Schalleindruck, den meine Worte erregen, für mich gegenwärtig. Oder: könnte denn eine Folge von Tönen als Melodie aufgefaßt werden, wenn nicht beim Hören jedes Tones die vorausgegangenen Töne erinnerungsmäßig nachklingend in meinem Bewußtsein weiterbestünden? Noch weit Einfacheres aber reicht hin, um vom Zugleich in meinem Bewußtsein überzeugt zu werden: ohne Zugleichsein für mein Bewußtsein könnte ich keinen Zwei- oder Dreiklang hören, und ebensowenig könnte ein Gesichtsbild für mich vorhanden sein. Denn jedes Gesichtsbild besteht doch aus einer Vielheit von gesehenen Inhalten, die nicht in der Weise des Nacheinander an mir vorüberlaufen. Wie verschiedene Ansichten man auch über den Umfang des Bewußtseins haben mag: die Meinung, daß in jedem Jetzt nur ein einziger Inhalt für das Bewußtsein gegenwärtig sein könne, darf als Kuriosität gelten.

2. In welchem Verhältnis steht nun dieses erlebte Zugleich zu der erlebten Zeit? Mein Erleben sagt mir unzweideutig, daß es ein und dieselbe Zeit ist, welche die zugleich erlebten Inhalte in sich schließt, sie umfaßt, sie umspannt. Es ist nicht so, daß jeder der von mir als Zugleich erlebten Inhalte einer besonderen Zeit angehörte und gleichsam so viele Zeitlinien nebeneinander herliefen, als es jeweilig zugleich erlebte Inhalte für mich gibt. Diese Annahme wäre eine reine Erdichtung. Von einer Zerspaltung der Zeit in nebeneinander hinfließende Zeitfäden erlebe ich nicht das Mindeste. Auch

ist zu bedenken, daß, wenn so etwas wirklich stattfände, dann wieder eine zusammenfassende, das Nebeneinander in ein absolut Eines zusammenrinnenlassende Zeit da sein müßte. Denn sonst könnte ich ja nicht das Erlebnis des Zugleich haben.

[77]   Man darf daher von einer Umspannungsweite, Umfassungsweite der Zeit, von einem inneren Zeitumfang reden. Als so selbstverständlich uns der damit bezeichnete Tatbestand des Zugleich erscheint, so ist es doch im Grunde etwas höchst Merkwürdiges, um das es sich hier handelt. Ohne daß sich die Zeit wie der Raum in ein Nebeneinander ausdehnt, schließt sie doch ein Analogon des räumlichen Nebeneinander in sich. Trotz ihres linienartigen Verlaufes ist die Zeit doch in jedem Punkte in sich ausgeweitet. Ein und dieselbe Zeitlinie ist es, die sich beispielsweise in den Gesichtswahrnehmungen „Grüner Baum", „Blauer Himmel", in der Gehörswahrnehmung „Vogelgesang", in der Temperaturempfindung „Warm", in der Erinnerung an meine Heimat, in der Sehnsucht nach ihr während desselben Jetzt ausweitet und dabei doch strengstens ein und dieselbe Zeitlinie bleibt. Alles, was in meinem Ich zugleich existiert, wird von der einen ungeteilten Zeit durchdrungen. Dabei werden die vielen Inhalte, die mein Bewußtsein zu gleicher Zeit in sich schließt, nicht etwa ineinander verschmolzen; auch bilden sie kein trübes Gemische; vielmehr bleiben sie klar gesondert nebeneinander bestehen; und doch ist es dieselbe eine ungespaltene Zeitlinie, die sie in sich faßt[46].

Demgemäß ist die Zeit ein zweidimensionales Gebilde. Erst Erstreckung und Umspannungsweite zusammen erschöpfen die Struktur der Zeit. Das Jetzt charakterisiert die Zeit nur in der Richtung der Erstreckung, nur in der [78] Richtung des Nacheinander. Eindeutig ist die Zeit erst dann charakterisiert, wenn die Umspannungsweite dazu genommen wird. Die Zeit ist kein einfach linienhaftes Gebilde. Vielmehr: so richtig es ist, sich die Zeit als Linie zu versinnlichen, so richtig ist es auch, sich die Linienhaftigkeit der Zeit als durchweg von Umspannungsweite durchsetzt vorzustellen. Mit klarer Rationalität kommt man der Zeit gegenüber nicht aus. Die Zeit ist so

---

[46] Bei Oswald Külpe heißt es: „Im Hause der Zeit sind viele Wohnungen; der Raumpunkt nimmt nichts in sich auf, der Zeitpunkt alles" (Die Realisierung, Bd. 3 [1923], S. 145). Wenn er hinzufügt, daß darum der Vergleich mit der Linie unzutreffend sei, so hat er, rein verstandesmäßig betrachtet, Recht. Wenn ich von der Zeitlinie spreche, so will ich damit gerade das Rätselhafte, scheinbar Widerspruchsvolle an der Zeit bezeichnet haben, daß sie, indem sie einer Linie gleicht, doch zugleich das Linienhafte aufhebt.

hinzunehmen, wie sie wirklich erlebt wird. Und sie wird eben als Nacheinander und Zugleichsein erlebt.

Selbstverständlich ist hier das Wort „Dimension" in einem allgemeineren Sinne gebraucht, als wenn man der Fläche zwei Dimensionen zuspricht oder von den drei Dimensionen des Würfels redet. „Dimension" bezieht sich in unserem Zusammenhange überhaupt auf die Faktoren eines Wesensgefüges. Aus soviel von einander unableitbaren Faktoren das Wesensgefüge eines Gebildes eindeutig bestimmt wird: aus soviel „Dimensionen" besteht das Gebilde. So pflegt man zu sagen, daß der Ton ein Gebilde aus drei Dimensionen ist, da durch Tonstärke, Tonhöhe und Klangfarbe das Gefüge des Tones eindeutig bestimmt ist. So kann man auch von den Dimensionen der Farbenempfindung, aber auch etwa des Gefühls oder Willens sprechen.

Aber liegt, wenn ich die Sache so ansehe, nicht eine Verwechselung vor? Was ich beschrieben habe, so könnte man sagen, dies sei der Umfang des Bewußtseins, und nicht der Zeit. Wenn mein Bewußtsein eine Vielheit von Wahrnehmungen, Vorstellungen, Gefühlen, Begehrungen in sich umfaßt, so sei damit unmittelbar das Zugleich gegeben. Das Zugleich sei daher als eine Eigenschaft des Bewußtseins, nicht aber der Zeit anzusehen.

Dieser Einwand schwindet sofort, wenn man bedenkt, [79] daß hier kein Entweder-Oder vorliegt. Der Bewußtseinsumfang ist vielmehr nur möglich auf Grund des Zeitumfanges. Im Bewußtseinsumfang ist nicht nur unmittelbar auch die Zeit ausgeweitet, sondern es käme für mich überhaupt zu keinem „Bewußtseinsumfang", wenn nicht der Zeit Umspannungsweite zugehörte. Es verhält sich hier ähnlich wie mit der Materie. Daß die Materie dreidimensional ausgedehnt ist, wird nur dadurch möglich, daß der Raum eine dreidimensionale Ausdehnung hat. Es gilt hier kein Entweder-Oder. So auch hinsichtlich der Zeit: das Bewußtsein würde nicht eine Vielheit von Inhalten umfassen können, wenn nicht jene Umfassungsweite der Zeit zugrunde läge[47].

---

[47] Locke geht an der Zweidimensionalität der Zeit nahe vorbei, ohne es zu bemerken. Er hebt das Linienhafte der Zeit hervor, und zugleich betont er, daß der jetzige Augenblick allen jetzt bestehenden Dingen gemeinsam ist. „Sie werden alle davon befaßt, als wären sie ein einziges Ding" (An essay on human understanding; im 15. Kapitel des zweiten Buches, §11). Locke sieht nicht, daß damit tatsächlich die Zweidimensionalität der Zeit bezeichnet ist. Noch näher kommt Kant in der Dissertation vom Jahre 1770 an die Zweidimensionalität der

3. Wir erinnern uns hier, daß drei Zeitschichten unterschieden wurden (S. 16f.). Jetzt ist damit die gewonnene Einsicht zu verbinden, daß es ein und dieselbe Zeit ist, durch die alle zugleich in mir vorhandenen Bewußtseinsinhalte hindurchlaufen. Ein und dieselbe Zeitlinie ist es also, in der die Wahrnehmungsgegebenheiten, die gleichsam der Ort der [80] „äußeren" Zeitschicht sind, ferner die Erlebnisse des „inneren Sinnes", in denen die „innere" Zeitschicht abfließt, und das Ich-Erlebnis als solches, das die Stätte der „innersten" Zeitschicht bildet, ablaufen. Mit den drei Zeitschichten ist also nichts anderes gesagt, als daß sich uns dieselbe eine Zeit sowohl in dem Verlaufe der Wahrnehmungsgegebenheiten, wie auch in dem Abfluß der inneren Erlebnisinhalte und auch in dem Dahinströmen meiner Ich-Erfassung selbst zum Erleben bringt.

Wir erinnern uns aber zugleich, daß sich dort (S. 24ff.) die „innerlichste" Zeitschicht — das unmittelbare Erleben des fließenden Ich als solchen — als die eigentliche Ursprungsstätte der Zeitgegebenheit herausstellte. Die umspannende eine und selbige Zeit haben wir uns also hier, in der Ichheit, verlaufend zu denken. Von hier aus umspannt sie die im Bewußtsein jeweilig zugleich vorhandenen Inhalte. Die innere und die äußere Zeitschicht werden von jener „innerlichsten" Zeitschicht umspannt. Jetzt ist der höhere Rang der „innerlichsten" Zeitschicht allererst in volles Licht getreten. Die eine und selbe Zeit, die umspannend in allem zugleich als eine und dieselbe Zeit gegenwärtig ist, hat also gleichsam ihren Ort in der Tiefe meines Ich.

Ich könnte dies die Apriorität der Zeit nennen. Es ist damit nur gesagt: erstens daß zu dem Wesensgefüge meines Ich dies gehört, daß ich meines Ich als eines fließenden unmittelbar inne bin, also das Fließen der Zeit unmittelbar erlebe; und daß zweitens nur von dieser Tiefe aus alles, was es für mich an zeitlichen Verläufen und Ordnungen gibt, möglich wird. Nicht mittels transzendentaler Methode, sondern auf Grundlage phäno-

---

Zeit heran. Er tadelt hier Leibniz und seine Anhänger, daß sie die „simultaneitas" der Zeit außer acht ließen. Zwar habe die Zeit nur eine Dimension, aber durch die simultaneitas oder „ubiquitas temporis" erhalte das in der Zeit Existierende noch „eine andere Dimension", insofern dieses gleichsam von demselben Zeitpunkte abhängt (§14). Aber es liegt doch nicht mehr als ein flüchtiges Streifen jenes Gedankens vor. Er hat die Eindimensionalität der Zeit nicht ernsthaft aufgegeben. Er erklärt es für unerforschlich, warum der Zeit nur eine Abmessung zukomme, während der Raum drei Abmessungen habe (in dem Brief an Reinhold vom 12. Mai 1789).

menologisch-psychologischer Analysen ist diese Einsicht von der Apriorität der Zeit gegründet.

[81]   4. Wiewohl es das Erlebnis der Zeit ist, das uns zunächst allein beschäftigt, ist hier in der Darlegung ein Punkt erreicht, wo es sich besonders nahe legt, die transsubjektive Zeit heranzuziehen. Die Umspannungsweite der Zeit wird sich erst dadurch in ihrer ganzen Seltsamkeit zeigen.

Ohne einen Widerspruch befürchten zu müssen, werde ich eine Vielheit von Ichen annehmen dürfen. Jedes Ich erlebt in sich einen Zeitverlauf von demselben Gefüge, wie ich ihn in mir finde. Auch dieser Satz wird kaum auf Widerspruch stoßen. Da fragt es sich denn nun: bilden diese Zeitverläufe ein Außereinander, derart daß es sich dabei um soviel selbständige Zeiten handelt, als es Iche gibt? Fließen die Ich-Zeiten unabhängig voneinander ab? Oder ist es ein und dieselbe Zeit, die in allen Ich-Zeitverläufen dahinfließt? Werden die Bewußtseinsströme der zahllosen Iche durch Einseitigkeit zusammengehalten? In diesem Falle würden wir eine transsubjektive Zeit annehmen. Denn von dieser einen und selben Zeit, die alle Zeitverläufe in den vielen Ichen in sich umspannt, erlebe ich rein nichts. Gibt es eine solche Zeit, so kann sie nur abgesehen von meinem Erlebtwerden und dem Erlebtwerden von Seite der anderen Iche vorhanden sein.

Das Entscheidende in dieser Frage liegt in dem äußerst einfachen Umstande, daß ich zugleich mit unzähligen Ichen existiere. Mein Bewußtseinsablauf vollzieht sich zugleich mit unzähligen anderen Bewußtseinsabläufen. Die in meinem Ich dahinrinnende Zeit ist gleichzeitig mit den in unzähligen anderen Ichen dahinfließenden Zeiten. Hiermit ist unmittelbar gesagt, daß ein und dieselbe Zeit diese unzähligen Zeitverflüsse umspannt. Sonst könnte ja nicht das Zeitverhältnis des Zugleich zwischen ihnen bestehen. Wäre jeder dieser Ich-Zeitverläufe rein für sich, [82] zeitlich absolut beziehungslos zu den übrigen, so wäre zwischen diesen Zeitverläufen gleichsam ein absolutes Vacuum. Jede dieser fließenden Zeiten wäre schlechtweg in sich eingeschlossen. Von einem zwischen ihnen bestehenden Zugleich könnte keine Rede sein. Da nun ein solches Zugleich zweifellos zwischen ihnen besteht (womit durchaus nicht gesagt ist, daß die Bewußtseinsinhalte der vielen Iche mit gleicher Geschwindigkeit, in gleichem „Tempo" verlaufen), so sind sie eben zeitlich nicht beziehungslos zueinander; sondern es ist ein und dieselbe — selbstverständlich transsubjektive — Zeit, welche die zahllosen Ich-Zeitverläufe umfaßt. Das Zugleich besagt unmittelbar das Bezogensein der vielen Zeitverflüsse auf ein und dieselbe in ihnen gegenwärtige Zeit. Es wäre auch verkehrt, sich die eine und selbe Zeit als derart in Beziehung zu den Bewußtseinsverläufen befindlich, vorzustellen, daß sie selbst rein für sich da wäre und eben nur in Beziehungen zu den vielen Ich-Zeitverläufen einträte. Denn dann blieben eben diese Beziehungen dem Zeitverhältnisse des Zugleich völlig fremd. Und so müßte denn wiederum ein Zeitabfluß angenommen werden, der die zeitliche Beziehung des Zugleichseins zu leisten hätte. Wäre nun diese höhere Zeit gleichfalls wieder lediglich rein für sich da und nicht in den verschiedenen Zeitabflüssen selbst gegenwärtig, so könnte wiederum kein Zugleich zustande kommen. Und so weiter ins Endlose. Sonach muß jene eine und selbe Zeit, die das Zugleich der zahllosen Ich-Zeitverläufe herzustellen hat, als in sich diese zahllosen Zeitverläufe umspannend und also als ihnen gegenwärtig angesehen werden.

5. Es ist also ein höchst einfacher Gedankengang, durch den wir zu diesem Ergebnis geführt werden. Es ist nicht erst nötig, daß wir die Entsprechungen zwischen den Be-[83]wußtseinsverläufen der vielen Iche heranziehen. Man könnte nämlich meinen, daß für die vorliegende Frage die Tatsache der Übereinstimmung der vielen Iche hinsichtlich der Vorgänge in dem Wahrgenommenen entscheidend sei. In der Sekunde, in der ich die Sonne untergehen sehe, wird dies auch von den Menschen derselben Gegend, wofern sie nur ihren Blicken die entsprechende Richtung geben, wahrgenommen. Schlägt die Turmuhr zwölf, so hören dies alle Umwohnenden, soweit nur die physikalischen, physiologischen und psychologischen Bedingungen erfüllt sind, nahezu in demselben Augenblick. Im Theater sehen alle Anwesenden dieselben Vorgänge auf der Bühne. Es ist sonach nicht so, daß jedes Ich sein besonderes Gesichts-, Gehörs-, Tastfeld hätte; sondern es besteht eine gemeinsame Wahrnehmungssphäre für alle Iche, die jeweils ihr Wahrnehmen nach derselben Richtung einstellen. Ich kann die in Frage stehende Tatsache auch als Tatsache der Möglichkeit des Sichverständigens hinsichtlich der Vorgänge der Wahrnehmungswelt bezeichnen.

Ich will nun sagen, daß die Diesselbigkeit der vielen Ich-Zeitverläufe nicht erst aus den Tatsachen der bezeichneten Art folgt, ja daß diese Tatsachen geradezu gleichgültig sind, wenn es sich um die Frage der Diesselbigkeit der vielen Ich-Zeitverläufe handelt. Auch wenn keine Übereinstimmung hinsichtlich des von den vielen Ichen Wahrgenommenen und sonach keine Verständigungsmöglichkeit bestünde, so würde damit die Einzeitigkeit der vielen Ich-Zeitverläufe nicht angetastet. Worauf es ankommt, ist einzig dies, daß die Bewußtseinsabläufe der vielen Iche zugleich stattfinden. In diesem Zugleich ist verbürgt, daß eine und dieselbe Zeit durch die zahllosen Bewußtseinsströme hindurchgeht, mögen die Inhalte dieser Ich-Verläufe miteinan-[84]der übereinstimmen oder nicht. Ich setze etwa den Fall, daß, während ich das Erdbeben von Messina erlebte, ein Anderer die Verschüttung Pompejis und Herculanums erlebt habe; oder daß, während ich vom Tode Bismarcks erfuhr, mein Nebenmensch von dem eben eingetretenen Tode des Perikles gehört habe. Dann würde mein Wahrnehmungsstrom gänzlich anders verlaufen als der des Anderen. Eine gemeinsame einmalige Außenwelt würde es für uns Beide nicht geben. Und so könnte ich mir vorstellen, daß für jedes Ich ein besonderer Wahrnehmungsstrom bestünde und überhaupt eine einmalige Außenwelt nicht vorhanden wäre. Nichtsdestoweniger würde für diese jeder Entsprechung ermangelnden Wahrnehmungsverläufe Einzeitigkeit in strengstem Sinne bestehen. Und zwar einfach darum, weil dieses selbständige, übereinstimmungslose Dahinströmen der Wahrnehmungen der zahllosen Iche gleichzeitig wäre. Jedes Zugleich schließt das absolute Zusammenfallen der gleichzeitigen Zeitflüsse, also die Einzeitigkeit in sich. Kant hat dies, ohne sich freilich der Tragweite dieses Satzes bewußt zu sein, in den kurzen Sätzen ausgesprochen: „Verschiedene Zeiten sind nicht zugleich"; und „Verschiedene Zeiten sind nur Teile eben derselben Zeit"[48].

6. Ich kann nun in der eingeschlagenen Richtung noch weitergehen und die Verläufe der bewußtlosen Dinge, der Körper heranziehen. So wahr es hier eine Gleichzeitigkeit gibt, so wahr ist es auch, daß diese Verläufe durch eine und dieselbe Zeit gleichsam durchsetzt sind. Unzählige Körperbewegungen gehen zugleich vor. In diesem Zugleich ist anerkannt, daß es eine und dieselbe Zeitlinie ist, die durch den [85] zeitlichen Ablauf der Zustände und Bewegungen der zahllosen Dinge im Raum hindurchgeht. Und diese eine und selbe Zeitlinie ist natürlich wiederum identisch mit der durch die Bewußtseinsverläufe der zahllosen Iche hindurchgehenden einen Zeitlinie.

Es handelt sich also dabei nicht um eine Lehre, die durch irgendwelche physikalische Beobachtungen und vermeintliche „Beweise" umgestoßen wurden könnte. Vielmehr liegt die „Einzeitigkeit" im Wesen der Zeit

---

[48] Kant in der „Metaphysischen Erörterung des Begriffs der Zeit" (Kritik der reinen Vernunft, Reclam, S. 58f.). So auch in der Dissertation vom Jahre 1770 (§14).

eingeschlossen. Sie ist auf physikalische Bestätigung nicht angewiesen und kann auch nicht durch die Physik widerlegt werden. Dies ist gegen Einstein gesagt, nach dessen Lehre jedes bewegte System seine eigene Zeitlichkeit und somit „seine Zeit" besitzt, es also gleichzeitig „viele Zeiten" gibt[49].

Die Stellung der Relativitätstheorie zur Gleichzeitigkeit steht, soviel ich urteilen kann, unter der Herrschaft eines prinzipiellen Mißverständnisses. Sie hat die Schwierigkeiten aufgedeckt, die der exakten Feststellung der Gleichzeitigkeit zweier Ereignisse entgegenstehen. Sie hat gezeigt, daß die Maßmethoden, die dem Physiker zur Feststellung der Gleichzeitigkeit zur Verfügung stehen, relativer Natur sind. Hiermit ist die Zeitmessung relativiert. Allein die Gleichzeitigkeit als solche ist damit nicht im mindesten getroffen. Nur unser Wissen von der Gleichzeitigkeit zweier Vorgänge ist relativer Art. Aber die Gleichzeitigkeit selbst wird durch die Relativität unserer Maßstäbe überhaupt nicht berührt. So wahr es ist, daß ein Zugleich zwischen den Verlaufsreihen in der Welt besteht, so gewiß gibt es allerexakteste Gleichzeitigkeit. Auch wenn wir infolge des Schranken-[86]haften unserer Maßstäbe in keinem einzigen Falle anzugeben wüßten, welche Vorgänge genau gleichzeitig sind, so wäre damit nicht im entferntesten gesagt, daß eine absolute Gleichzeitigkeit nicht existiere. Die Relativitätstheorie macht aus der Relativität des Messens eine Relativität des Seins. Ich werde hierauf noch zurückkommen.

So wächst sich durch unsere Betrachtungen die Zeit zu einer wahren Sphinx aus. Die eine und selbe Zeitlinie hat in jedem ihrer Jetztpunkte eine — ich sage absichtlich nicht: unendliche, sondern vorsichtiger nur: unermeßliche Umspannungsweite. Paradox könnte man sagen: die Zeit ist ein allerdünnstes, allerschlankestes Etwas; und indem sie dies bleibt, ist sie doch in jedem Punkte von ungeheuerlicher Umfassungsweite. Die Zeit greift dabei nicht etwa über das reine Nacheinander hinüber; sie breitet sich nicht etwa über die Grenze der Linie hinüber aus. Die Zeit bleibt ein für allemal von dieser allerfeinsten, allerschärfsten Linienhaftigkeit. Das Nacheinander

---

[49] Vgl. Driesch, Relativitätstheorie und Philosophie, S. 24f.: Zeit ist ihrem Wesen nach Ein Gefüge, in welchem Alles, was die Natur und das bewußte Leben angeht, seine bestimmte Eine Stelle hat. Einsteins Lehre ist „aus dem Wesen der Zeit heraus ganz und gar unmöglich".

geht nirgends in ein Nebeneinander über. Und doch weitet sich dieses raumlose Nacheinander in jedem Punkte ins Unermeßliche aus[50].

Am allerverkehrtesten wäre es, der Zeit so etwas wie Ausbreitung durch den Raum hin zu geben. Die Vorgänge auf der Erde, auf der Sonne, auf dem Sirius werden durch ein und dieselbe Zeit zusammengehalten. Damit ist aber nicht gesagt, daß sich die Zeit durch die Räume hindurch erstreckt, sich ausbreitet, sondern sie verharrt in ihrer schlecht-[87]weg raumlosen Wesenheit und ist doch überall im Raume gegenwärtig. Die Zeit ist ein den Raum absolut durchdringendes Etwas, das doch nichts von Räumlichkeit annimmt. Eine und dieselbe Zeit ist, ohne raumausgebreitet zu sein, doch in jedem Punkte des Raumes gegenwärtig. Dies klingt seltsam und rätselhaft, drückt aber doch, wofern man eine transsubjektive Körperwelt annimmt, lediglich den einfachen Sachverhalt in schlichter Beschreibung aus. Schon Aristoteles übrigens hat die Diesselbigkeit der Zeit nachdrücklich vertreten; freilich ohne sich das Rätselhafte, was darin liegt, daß alle Bewegungen an einer und derselben Zeit teilnehmen sollen, zu Bewußtsein zu bringen[51].

Wie die transsubjektive Zeit sonst zu denken ist, welches Gefüge sie in anderer Hinsicht darstellt, dies bleibt zunächst dahingestellt. Nur hinsichtlich der Umspannungsweite wurde die transsubjektive Zeit hier hereingezogen.

7. Wo von den Grundwesenszügen der Zeit gesprochen wird, pflegt auch die Gleichförmigkeit (Homogeneität) nachdrücklich genannt zu werden. Und zwar pflegt man die Gleichförmigkeit neben anderen Wesenszügen, namentlich neben der Stetigkeit aufzuzählen. So ist es bei Liebmann, Riehl, Natorp[52] und vielen Anderen. So viel ich sehe, kann Gleichförmigkeit der Zeit nichts Anderes bedeuten, als daß das Wesensgefüge der Zeit an

---

[50] Selbstverständlich ist, was der Text bietet, eine bildliche Beschreibung. Die Zeit ist tatsächlich keine Linie. Ebensowenig kann man ihr ein „Umspannen" im eigentlichen Sinne zuschreiben. Das Bildliche hat den Zweck, uns ein nur unmittelbar Erlebbares, das ohne Bild schwer zu beschreiben ist, auf dem Umwege der Analogie zu deutlichem Bewußtsein zu bringen. Nennt man die Zeit eine Linie, so leuchtet sofort ein, was das unmittelbar Erlebte ist, das hiermit an der Zeitgegebenheit gemeint ist.

[51] Aristoteles im 14. Kapitel des 4. Buches der Physik (223b, 2ff.).

[52] Liebmann, Zur Analysis der Wirklichkeit, 2. Aufl., S. 104f. — Riehl, Der philosophische Kritizismus, Bd. 2, S. 124f. — Natorp, Die logischen Grundlagen der exakten Wissenschaften, S. 293.

allen Punkten des Zeitverlaufs dasselbe bleibt. In jedem Jetzt, das die Zeit durchläuft, weist sie dieselbe Grundverfassung auf. Also: was ich als Jetzt, als Vor und Nach, als Stetigkeit, als Umspannungsweite beschrieben habe, wandelt sich nicht, sondern ist an jeder Stelle des Zeitverflusses als Struktur der Zeit zu finden.

[88] Die Gleichförmigkeit ist sonach keine neue, besondere Grundeigenschaft der Zeit, sondern sie besagt nur, daß das aufgewiesene Grundgefüge der Zeit schlechtweg beharrt. Immerdar ist die Zeit das gleiche Verhältnis von Jetzt und Vor und Nach, die gleiche Zweidimensionalität von stetigem Fließen und Umspannungsweite. — In wesentlich gleichem Sinne ist es zu verstehen, wenn dem Raume Gleichförmigkeit zugesprochen wird[53].

XI. ZWEITE KRITISCHE EINSCHALTUNG

1. Wer heute Untersuchungen über die Zeit anstellt und dies auf Grund der Wendung des Blickes nach innen, auf Grund der Selbstbesinnung tut, kann an den Gedanken Bergsons über die Zeit nicht vorübergehen.

Da sieht nun freilich das Bild, das Bergson von der Zeit entwirft, so gänzlich anders aus als das hier zutage getretene Ergebnis, daß diese Unähnlichkeit nahezu verwirrend wirken kann. Bergsons Zeitgebilde scheint einem völlig anderen Innenreiche anzugehören als das, was uns hier als Struktur der Zeit entgegengetreten ist. Der Leser hört etwa, daß die Zeit als homogenes Medium ein Bastardbegriff ist, der seinen Ursprung dem Eindringen der Raumvorstellung in das Gebiet des reinen Bewußtseins verdankt. Die Zeit als homogenes Medium ist nur das Phantom des Raumes. Wir erschaffen „eine vierte Raumdimension, die wir die homogene Zeit nennen"[54].

Um die Kluft, die zwischen den beiden Auffassungen [89] besteht, richtig zu verstehen, und um Bergson gerecht zu werden, muß man sich in

---

[53] Ich verstehe nicht, wie Cassirer den Tastraum wie den Sehraum als „anisotrop" und „inhomogen" bezeichnen kann (Zur Einsteinschen Relativitätstheorie, S. 123). Dies widerspricht doch dem unmittelbaren Finden.

[54] Bergson, Essai sur les données immédiates de la conscience (1906), S. 74f. 82; in der Übersetzung („Zeit und Freiheit", 1911) S. 77, 85.

dessen Betrachtungsweise hineinversetzen. Er unterscheidet das „innere" Ich, das „tiefere" Ich von dem „Oberflächen-Ich". Diese Unterscheidung geht in dieselbe Richtung, in der wir auf Kants intelligibles Ich, auf das Ich der Fichtischen Wissenschaftslehre stoßen. Dieses „tiefere" Ich ist überzeitlicher Art. Es ist der Sukzession gänzlich entrückt. Positiv stellt sich der überzeitliche Charakter dieses Tiefen-Ich so dar, daß die qualitativen Veränderungen in ihm sich wechselseitig aufs innigste durchdringen. Mit besonderem Nachdruck hebt Bergson dieses Verschmelzen ineinander hervor. Die Zustände und Bilder reihen sich nicht nebeneinander auf, sondern sie gehen ineinander auf. Sie haben nicht die Tendenz, sich in das Verhältnis des Außereinander zu setzen („à s'extérioriser les uns par rapport aux autres"). Sie haben daher keine präzisen Umrisse; sie werden eine ununterschiedene Mannigfaltigkeit; die einzelnen Bewußtseinszustände nehmen die Färbung aller übrigen an. Das Tiefen-Ich ist somit ein innerer Dynamismus (dynamisme interne). Vermöge dieses inneren Dynamismus darf dem Ich lebendige Aktivität, freies Handeln zugesprochen werden. Zugleich aber fehlt ihm Ordnung und Gesetz. Die tieferen Bewußtseinszustände haben keine Beziehung zur Quantität; sie sind reine Qualität; sie vermischen sich derartig, daß sich nicht sagen läßt, ob sie einer oder mehrere sind; sie lassen sich überhaupt nicht überprüfen. Bergson führt für dieses Verhältnis der inneren wechselseitigen Durchdringung das unpassende Wort „Dauer" ein. Nicht in der Form des Nacheinander, der Zeit entfaltet sich dieser innere Dynamismus, sondern als „Dauer" (durée)[55]. Wir haben bei diesen Sätzen zu be-[90]denken, daß sie weder dem Denken, noch der einfachen Selbstanschauung, sondern einem intuitiven Erfassen entstammen. Mit intuitivem Blick ergreifen wir die überzeitliche, dynamische, selbsttätige, im wahren Sinn des Wortes freie Tiefe unseres Ich.

2. Ich stimme Bergson darin zu, daß, wie es überhaupt intuitive Gewißheit gibt, so im besonderen die intuitive Gewißheit die Tiefe des eigenen Ich zum Gegenstande haben kann. Ich glaube nun freilich nicht, daß Bergson mit seiner intuitiven Selbsterfassung auf dem rechten Wege ist. Sein Widerwille gegen alles Geordnete, Gegliederte, Gesetzmäßige, überhaupt gegen alles Logische verleitet seine intuitive Selbstschauung zu Überspannungen und Verzerrungen. Er nähert die Tiefenzustände unseres Ich zu

---

[55] Bergson a. a. O. S. 78f., 93, 95, 108, 125, 131, 167 (Übersetzung S. 81f., 97, 99, 107, 129, 135, 173). In der „Einführung in die Metaphysik" charakterisiert er die „Dauer" als ein sich in sich Spannendes, sich Zusammenziehendes, als eine Ewigkeit des Lebens (Übersetzung S. 39).

sehr den dunklen, traumhaften, musikalischen Wallungen der Seele an. Das tiefere Ich taumelt wie im Nebel. Aber so einseitig dies auch ist, so ist doch der starke Drang Bergsons anzuerkennen, den Charakter der Innerlichkeit und Freiheit auszuschöpfen und auch in seinen paradoxen Konsequenzen zur Geltung zu bringen.

Mit der Charakterisierung des überzeitlichen Tiefen-Ich bewegt sich Bergson auf einem Boden, den meine hier gegebenen Analysen überhaupt nicht berührt haben. Nun aber beginnt der grundsätzliche Gegensatz. Mit der Metaphysik des Tiefen-Ich würde sich ganz wohl vertragen, daß Bergson nun auch auf das „Oberflächen-Ich" unbefangen eingige und das Zeiterlebnis, wie es sich in dem empirischen Ich als Tatsache vorfindet, in schlichtem Selbstinnewerden [91] beschriebe und seine Struktur heraushöbe. Mit andern Worten: nun könnte der empirische Psychologe eingreifen und die Zeitgegebenheit, wie sie sich unserem gewöhnlichen Erleben darbietet, ohne Rücksicht auf die metaphysischen Schauungen und Ahnungen der Intuition in ihre verschiedenen Seiten auseinanderlegen. Dies nun eben tut Bergson nicht. Nirgends geht er unbefangen, unvoreingenommen auf die Zeitgegebenheit ein, sondern sieht sie von vornherein unter dem durch intuitive Gewißheit erschauten Ergebnis an. Er macht also das ihm auf bezweifelbarem Wege Gewißgewordene, das ohne Gewähr sachlicher Gültigkeit Erschaute zur Richtschnur für das Beschreiben des unbezweifelbar Gegebenen. Das Umgekehrte wäre das Richtige: zuerst das unmittelbar vorliegende Zeiterlebnis unbefangen beschreiben und dann versuchen, wie sich das phänomenologisch Festgestellte etwa durch intuitives Erfassen des intelligiblen Ich ergänzen lasse.

3. Statt das für das Bewußtsein unmittelbar vorhandene Zeitgegebene einfach zu beschreiben, tritt Bergson sofort mit einer Theorie hervor, die er sich unter dem wesentlich bestimmenden Einfluß des intuitiv Erahnten gebildet hat. Die empirische Zeit erscheint ihm ohne weiteres als eine Veräußerlichung und Verzerrung jenes inneren Dynamismus, jenes überzeitlichen „Dauer"-Charakters des Tiefen-Ich. Genauer verhält sich nun die Sache so, daß er in seiner Zeittheorie den Raum zum entscheidenden Faktor macht. Was jenen reinen, erhabenen „Dauer"-Charakter der tief innerlichen Bewußtseinszustände verfälscht, das ist die Raumvorstellung. Bergson stellt sich vor, daß wir die Raumvorstellung in die Sphäre des reinen Bewußtseins, in den inneren Dynamismus eindringen lassen. Oder anders angesehen: wir haben die Gewohnheit, den inneren Dynamis-[92]mus, jenes wechselseitige

Sichdurchdringen, d.i. die wahre Zeit in den Raum zu entfalten, in den Raum zu projizieren. So wird aus der „Dauer" nach Analogie des Raumes eine Nebeneinanderreihung, aus dem Ineinander eine Sukzession, aus dem Qualitativen ein Quantitatives, aus dem Lebendigen ein Schattenhaftes. Die Zeit, wie sie uns erscheint, ist demnach nur das Phantom des Raumes, ein Bastardbegriff. An die Stelle der urlebendigen, freischöpferischen „Dauer" ist die veräußerlichte, quantitierte, „materialisierte" Zeit getreten. Der Raum hat eine „vierte Dimension" erhalten[56].

So setzt Bergson an die Stelle einer unbefangenen Wiedergabe der unmittelbar erlebten Zeitgegebenheit eine geheimnisvolle Theorie, eine höchst gewagte Spekulation. Denn unser inneres Erleben weist schlechterdings nichts auf, was einem Eindringen der Raumvorstellung in einen rein qualitativen Dynamismus, einer Entstehung der Sukzession aus einer Durchsetzung einer überzeitlichen „Dauer" durch das räumliche Nebeneinander auch nur entfernt ähnlich sähe. Ja, ich finde: der von Bergson charakterisierte Vorgang führt in eine Mystik hinein, der man kaum durch bereitwillige Einfühlung, durch dunkel nachtastendes Ahnen beikommen kann. Im besonderen vermag ich dem Satze, daß uns die Zeit als die vierte Dimension des Raumes erscheine, keinen irgendwie faßbaren Sinn abzugewinnen. Von dem spekulativen Spiel mit der vierten Dimension wird weiterhin noch zu reden sein.

4. In Oswald Spenglers Hauptwerk stößt man oft auf Bemerkungen über die Zeit. Für sein schwärmendes Spekulieren besteht überhaupt nicht die Aufgabe, das Reinge-[93]gebene, als was sich uns die Zeit darbietet, zu beschreiben. Im Grunde hält er das Wesen der Zeit für etwas wissenschaftlich Unzugängliches. Der Schlüssel zum Problem der Zeit soll „nicht in Mathematik und abstraktem Denken", sondern in den „großen Künsten als den Geschwistern der gleichzeitigen Religion" liegen[57]. So ist es denn kein Wunder, daß Spenglers Aussprüche über die Zeit mehr oder weniger den Charakter interessanter Einfälle haben. Manche von ihnen lassen uns etwas tief Geschautes ahnen, andere erscheinen schlechtweg als Fehlgriffe. So mag es einen guten Sinn haben, wenn er das Wesen der Zeit in der Richtung, das

---

[56] Bergson, Essai sur les données de la conscience immédiate, S. 74f., 82, 91, 93f., 94f., 100, 105 (Übersetzung S. 77, 85, 95, 97, 99, 104, 109).

[57] Oswald Spengler, Der Untergang des Abendlandes, 1. Band. Völlig umgestaltete Auflage (1923), S. 161, 163, 170.

des Raumes in der Ausdehnung sieht. Aber wie schief ist es nicht schon, wenn er die Zeit mit dem Werden, den Raum mit dem Gewordenen parallelisiert! Als ob es nicht auch in dem unräumlichen Ich Gewordenes gäbe! Und als ob sich das Werden der körperlichen Dinge nicht im Medium des Raumes vollzöge! Die Zeit soll, so hören wir weiter, dem Raume als das Tiefere voraufgehen und ihm zugrunde liegen. Zugleich aber erklärt er: der Raum widerspricht der Zeit. Auch hören wir: die Raumtiefe ist eine erstarrte Zeit. „Die Zeit gebiert den Raum, der Raum aber tötet die Zeit." Das Zeitproblem wird erst von dem Urgefühl der Sehnsucht und damit von der Schicksalsidee aus faßlich[58]. Manches klingt an Bergson an. Unter dem mechanisierenden Eindruck einer streng geordneten räumlichen Natur entwerfen wir das „Phantom einer Zeit". Es ist schwer, mit solchen Sätzen etwas anzufangen. Es ist dunkelste Metaphysik der Zeit, was Spengler hier verkündet. Keinesfalls haben diese mit reichlichem Glauben an das [94] Endgültige vorgetragenen Gedanken Spenglers mit der von mir gepflogenen Untersuchung etwas zu schaffen.

Es ist unmöglich, in Spenglers Paradoxien über die Zeit Ordnung zu bringen. Neben dem Zurückführen der Zeit auf Urgeheimnisse findet sich auch eine stark rationalistische Auffassung. Die Zeit ist „eine Entdeckung, die wir erst denkend machen; wir erzeugen sie als Vorstellung oder Begriff, und noch viel später ahnen wir, daß wir selbst, insofern wir leben, die Zeit sind"[59]. Hierauf ist zu erwidern: die Selbststetigkeit des Ich gehört zur Wesenheit des Ich, ist daher in unserem Bewußtsein auch dann implizite vorhanden, wo wir sie nicht gegenständlich, nicht in der Weise einer Vorstellung oder gar eines Begriffs vor uns haben. Mein Bewußtsein unter Abzug des Stetigkeitsgefühls ist überhaupt nichts, hebt sich als Bewußtsein auf. Ich bin, indem ich bewußt bin, mir implizite meines Stetigkeitsflusses bewußt. Das heißt: ich bin implizite meiner als eines zeitlich Dahinfließenden bewußt. Dies wird von Spengler verkannt. Er meint: zuerst müsse die Vorstellung, ja der Begriff „Zeit" von uns geschaffen werden, und erst viel später noch gehe uns die Ahnung auf, daß wir in der Zeit sind. So kehrt Spengler den wahren Sachverhalt um.

---

[58] Spengler a. a. O. S. 75, 158, 160f., 225ff.
[59] Spengler a. a. O. S. 161, 217.

XII. DIE EMPIRISCHE ÜBERWINDUNG DER ZEIT

1. Die Sehnsucht nach einem Überzeitlichen, einem Zeitlosen wird gewöhnlich als ein Drang angesehen, der nach dem Transzendenten und Allertranszendentesten gerichtet ist. Und sicherlich kann diesem Drange volle Erfüllung, wenn überhaupt, so nur in einem Reiche zuteil werden, das metaphysisch gänzlich anders geartet ist als unser zeitliches Dasein. Erlösung von der Zeit kann es nur in einer Überwelt [95] geben. Aber in einem gewissen relativen Sinn kommt es doch schon in der unmittelbaren Zeitgegebenheit zu einer Überwindung der Zeit. Das Zeitlose kündigt sich schon mitten in der schlichten Zeitgegebenheit an.

2. Ich besinne mich auf das, was meine Stetigkeitsgewißheit in sich schließt. Indem ich aus dem eben gegenwärtigen Jetzt in das folgende Jetzt und in das weiterfolgende und so fort hineingleite, kommt mir mein Bewußtsein nicht abhanden. Ich behalte mich durch allen Wechsel der Jetzte hindurch als dieses Ich. Diese höchst merkwürdige Tatsache gilt es in ihrer unmittelbaren Sprache aufzufassen. In dem Dahinfließen der Jetzte und ihrer rastlos wechselnden Inhalte zerstiebt mein Ich nicht, es löst sich nicht auf. Vielmehr geht es durch alles Anderswerden als absolut derselbe Ichpunkt hindurch. Wenn sich der Ichpunkt gleichsam an die wechselnden Jetzte verlöre und so jedem Jetzt ein besonderer Ichpunkt entspräche, so wäre dieser kaleidoskopische Wechsel der Ichpunkte, falls es überhaupt solch eine Ungeheuerlichkeit geben könnte, etwas gänzlich Anderes als mein Ich. Es könnte dann überhaupt nicht zu dem kommen, was ich als dieses mein Bewußtsein erlebe und bin.

Hiermit ist, soviel ich sehe, lediglich beschrieben, was die unbestreitbare Tatsache der meinen Bewußtseinsstrom begleitenden Stetigkeitsgewißheit aufweist. Zugleich aber ist damit eine gewisse Überwindung der Zeit ausgesprochen. Mein Ich hat etwas gegenüber dem Zeitverfließen Übergreifendes. Es wird durch den Wandel der Jetzte nicht zerstreut, nicht zersetzt; sondern es bleibt absolut bei sich in allem Dahinfließen. Das Ich ist eben Beides: es fließt mit dem Bewußtseinsstrome dahin und hält sich doch unangreifbar als dasselbe Ich fest. Es ist an die fließende Zeit hingegeben und ist doch durch den Zeitfluß nicht besiegt. [96] Vielmehr wird umgekehrt an dem Ichpunkt die Macht der Zeit zunichte. In der Zeit wirkt dem Zeitverfließen ein Faktor entgegen. Dieser entgegenwirkende Faktor ist mein Bewußtsein als meines, dieses einzigartige Etwas, das ich mein Ich nenne. Ich darf daher diesen Faktor als in gewissem Sinne überzeitlich bezeichnen.

Ich spreche nur von einer gewissen Überwindung der Zeit, von einem in gewissem Sinne überzeitlichen Faktor. Denn das Überzeitliche hat hier nicht die Form einer zeitlosen Grundlage des zeitlichen Ich. Es ist nicht so, daß unser zeitliches Ich seine metaphysische Wesenheit in einem zeitlosen Ich hätte. Mit jenem überzeitlichen Faktor ist das zeitliche Ich nicht überschritten. Etwas Metaphysisches ist mit ihm nicht bezeichnet. Sondern in dem Zeitgegebenen selbst ist ein Überzeitliches eingeschlossen. Das sich als identisch festhaltende Ich gehört zu dem phänomenalen Bewußtseinsstrom; es ist das empirische Ich, nach der Seite seiner sich gleichbleibenden Ichheit betrachtet. Es steht also hier nicht etwa Descartes „Cogito ergo sum" in Frage. Das Cartesianische Ich ist metaphysisch-substantiell gemeint. Noch auch ist das „Ich denke" der transzendentalen Apperzeption bei Kant gemeint; denn dieses „reine Ich" weist nach Kant mit seinem „Daß" auf das Ding an sich hin; geschweige denn daß das ethische Ich, das Ich des kategorischen Imperativs unter jenem überzeitlichen Faktor zu verstehen wäre. Sondern es handelt sich hier nur um die nicht [97] wegzuleugnende Tatsache, daß ich im Wandel meiner Bewußtseinsgeschehnisse meiner selbst bewußt bleibe.

3. Es gilt, diesen überzeitlichen Faktor in aller Schärfe zu fassen[60]. Gehört er, so muß gefragt werden, zu dem Wesensgefüge der Zeitgegebenheit? Ist es so, daß in dem Zeitverflusse als solchem zugleich ein ihm Entgegenstrebendes, eine Tendenz auf seine Überwindung liegt? So verhält es sich zweifellos nicht. Vielmehr entstammt die Tendenz auf Überwindung der dahinschwindenden Jetzte offenbar dem Ich, für welches die Zeitgegebenheit da ist. Nicht die Zeit als solche hat Etwas in sich, was sich in den Jetzten als ein Nunc stans, als ein unverändert Beisichbleibendes erhält; sondern es ist das Selbststetigkeitsgefühl meines Ich, was den Widerstand gegen die fließenden Jetzte bildet. Die Überwindung der Zeit stammt also aus demje-

---

[60] Ich möchte daher für die Herausarbeitung dieses überzeitlichen Faktors auch nicht die dialektische Methode wählen, wie sie neuerdings Jonas Cohn in seinem letzten, eng an Hegel anknüpfenden, tief durchdachten Werk „Theorie der Dialektik" (1923, S. 74ff., 350f.) angewandt hat. Mir kommt vor, daß es in dieser Dialektik an scharfer Unterscheidung des Erlebten und des Metaphysischen, des Subjektiven und des Transsubjektiven und ebenso des nicht eigentlich Geltenden und des endgültig Geltenden nicht selten fehlt.

nigen Erlebnis her, das den Zeitverfluß als einen implizite mitgesetzten Faktor in sich schließt: nämlich aus dem Erleben meiner phänomenalen Ichheit.

Aber anderseits hat doch auch die Zeitgegebenheit als solche an dem überzeitlichen Faktor einen gewissen Anteil. Denn wenn die Zeit ein von Punkt zu Punkt Springendes wäre, so könnte das Ich in dem Sprungverlaufe der Zeit sich nicht als dasselbe Ich behalten, nicht bei sich bleiben. Nur weil die Zeit stetig fließt, nur weil das Jetzt unmittelbar als Hinschwinden der Vergangenheit erlebt wird, nur weil in dem Jetzt noch das Vorher gleichsam nachklingt, kann es zu einem bei sich bleibenden, sich festhaltenden Ichpunkte kommen. So ist also die Zeitgegebenheit daraufhin angelegt, daß in ihr das Ich sich festhalten und so zeitüberwindend werden könne. Die Stetigkeit des Zeitflusses kommt dem zeitüberwindenden Ich gleichsam entgegen.

[98]   4. Man könnte die zeitüberwindende Tendenz in meinem Bewußtsein auch aus entwickelteren Betätigungen des Bewußtseins herausholen. So ließe sich leicht zeigen, daß in dem Erinnern die Überwindung der Zeit mitgesetzt ist. Und ebenso könnte das mit Hilfe der Erinnerung ausgestaltete Bewußtsein von der Identität meines Ich zu diesem Zwecke herangezogen werden. Unter diesem entwickelten Identitätsbewußtsein verstehe ich die Überzeugung, daß ich während meines ganzen Lebenslaufes, soweit ich mich zurückerinnere, immer dasselbe phänomenale Ich gewesen bin. Dieses entwickelte Identitätsbewußtsein besagt sonach ungleich mehr als die Selbststetigkeitsgewißheit. Denn diese erstreckt sich nur auf die soeben dahinfließenden Jetzte. Von einer Rück- und Überschau, von einer durch Erinnerung gewonnenen Gliederung meines Lebenslaufes ist nichts in ihr enthalten. Das entwickelte Identitätsbewußtsein dagegen hat zur Voraussetzung, daß ich in dem Dahinfließen meines Ich durch die Jahre und Jahrzehnte ein „Früher" und „Später" in den mannigfaltigsten Abstufungen, ein „weiter" und ein „weniger weit in der Vergangenheit Zurückliegendes" unterscheide und demgemäß mein vergangenes Ich als ein im Sinne des „Früher" und „Später" mehr oder weniger gegliedertes Ich vor mir habe. Ich will nun sagen: um den in die Zeit eingreifenden zeitüberwindenden Faktor herauszustellen, ist es nicht nötig, das entwickelte Identitätsbewußtsein heranzuziehen und in ihm das Zeitüberwindende aufzuweisen. Man braucht sich nur an die bei weitem einfachere, ursprünglichere Stetigkeitsgewißheit des Ich zu halten. In ihr liegt gleichfalls schon das Zeitüberwindende in voller Deutlichkeit eingeschlossen.

5. Wenn es überhaupt ein zeitloses intelligibles Ich gibt, das die metaphysische Tiefe meines empirischen Ich bildet, [99] so könnte es nicht durch einfache Selbstbesinnung, sondern nur entweder auf dem Wege intuitiver Gewißheit oder mittels Denknotwendigkeit in den Bereich des Erkennens gezogen werden. (Dabei ist zu bedenken, daß die Denknotwendigkeit ihrerseits wiederum in doppeltem Sinne in Betracht kommt: entweder erhebt sie den Anspruch, allein aus apriorischen Prinzipien zu Ergebnissen zu gelangen, oder sie vollzieht sich nach Maßgabe von Erfahrungstatsachen.) Natürlich könnte auch versucht werden, durch eine Verbindung von Intuition und Denken zum Ziele zu kommen. Stellen sich uns doch überhaupt, wenn wir ins metaphysische Gebiet vordringen wollen, nur die beiden prinzipiell entgegengesetzten Möglichkeiten zur Verfügung: erstens das rationale; Verknüpfen, Entwickeln, Beweisen (wobei das rein-rationale und das empirisch-rationale Verfahren zu unterscheiden sind) und zweitens die irrationale Intuition. Keinesfalls bringt uns das einfache Selbstinnesein, die bloße Hinwendung der Aufmerksamkeit auf das eigene Ich über das zeitliche Ich hinaus.

Es kommt hier nur darauf an, das Problem des zeitlosen intelligiblen Ich als über den Rahmen der gegenwärtigen Betrachtung hinausfallend auszuscheiden. Es ist um so nötiger, dies hervorzuheben, weil zuweilen so gesprochen wird, als ob durch einfache Selbst-Innenschau das intelligible Ich aufgedeckt werden könnte. Bergson beispielsweise spricht, obwohl er auf das entschiedenste für die Intuition eintritt, doch oft so, als ob es nur der einfachen Hinwendung des Blickes auf das eigene Bewußtsein bedürfte, um des überzeitlichen inneren Dynamismus gewiß zu werden. Klar liegt die Sache in Fichtes Wissenschaftslehre: hier findet ein Zusammenwirken des dialektischen reinen Denkens und der intellektuellen Anschauung statt: Intuition bildet die Grund-[100]lage; sofort aber tritt dialektisches Denken dazu. Auf diesem Wege werden die Sätze vom Ich und Nicht-Ich gewonnen und ausgestaltet.

Unklar liegt die Sache bei Kant. Die transzendentale Apperzeption, das reine „Ich denke" erscheint sich zwar als zeitlich, gehört also ins Phänomenale; aber gemäß dem ganzen Sinn und Zusammenhang bei Kant ist es doch überzeitlicher Art. Nachdrücklich hebt Kant hervor, daß an dem Punkte der transzendentalen Apperzeption das Intelligible, wenn auch nicht nach seinem „Was", so doch nach seinem „Daß" in das Reich der Erscheinung hineinragt. Anderseits stellt aber dieses überzeitliche „Daß" innerhalb der Kantischen Bewußtseinswelt, die doch durch und durch von Zeitlichkeit durchsetzt ist, einen Fremdkörper dar. Für das Überzeitliche gibt es in Kants Phänomenalismus keinen Platz. Weiterhin tritt dann im Reiche des Moralischen das wahre intelligible Ich hervor: das Ich als freier Wille und weiterhin als Ursprungsstätte des radikalen Bösen. Aber auch diese ausdrücklich metaphysische Überzeitlichkeit findet sich bei Kant nicht durchdacht, nicht in ihre Konsequenzen entwickelt.

6. Hier ist auch der Ort, um zu der Behauptung Stellung zu nehmen, daß die Dauer zum Wesensgefüge der Zeit gehört. Nach den soeben gegebenen Feststellungen und Klärungen wird es leicht sein, das Fehlgehende und zugleich das relativ Wahre in dieser Auffassung herauszuholen. Ich nehme hier Dauer in dem gewöhnlichen, nüchternen Sinne des Wortes. Was Bergson unter „durée" versteht, bleibt gänzlich abseits liegen.

Besonders Alois Riehl setzt die Dauer in den Mittelpunkt des Zeitbegriffs. Er sagt: „Sonach ist die Vorstellung der Dauer die eigentliche Zeitvorstellung." Und weiterhin: [101] „Es zeigt sich also, daß die Form des Beharrens dem Zeitbegriff noch wesentlicher ist als selbst die der Folge." „Das Moment des Beharrens" ist mit dem der Folge in der Zeitvorstellung „zu völliger Wechselwirkung verbunden"[61].

Zunächst muß man einen Unterschied machen. Wenn ich sage: „nach einer Zeitdauer von zwei Stunden werde ich dich abholen", oder: „es wird noch lange dauern, ehe der Frühling kommt": so bedeutet „Dauer" eine gemessene oder abgeschätzte Zeitstrecke. Dauer in diesem Sinn hat mit unserer Frage nichts zu tun. Uns geht „Dauer" nur in der Bedeutung des Beharrens, des Gegenteils von Wechsel an. Substanzen, Dinge haben Dauer; aber auch Eigenschaften, Zuständen, Vorgängen kommt Dauer zu. „Das Konzert wird zwei Stunden dauern." „Der große Krieg im siebzehnten Jahrhundert hatte eine Dauer von dreißig Jahren." Hier ist das, was dauert, höchst wechselreich; worauf es aber ankommt, ist, daß der wechselreiche Vorgang ein in sich zusammengehöriges Ganzes bildet, dieses Ganze aber beharrender Art ist.

Es leuchtet ohne weiteres ein, daß, wenn einer Substanz, einem Ding, einer Eigenschaft, einem Zustande, Vorgange Dauer zukommt, hier-

---

[61] Alois Riehl, Der philosophische Kritizismus und seine Bedeutung. Bd. 2 (1879), S. 79, 118, 123.

mit etwas zum Wesen der in Form der Zeit existierenden Wirklichkeit Gehöriges bezeichnet ist, nicht aber ein Wesenszug der Zeit selbst. Nicht die Zeit als solche, sondern das in Form der Zeit verlaufende Wirkliche weist Dauer auf.

Doch aber liegt etwas Wahres in der Behauptung, daß in der Zeit das Moment der Dauer enthalten ist. Denn im tiefsten Grunde des Zeitflusses stößt man auf das bei sich bleibende, sich festhaltende Ich. Dies also ist es, was im [102] Zeitfließen dauert. Die Dauer der Felsen, die Dauer einer geistigen Strömung, die Dauer des eigenen Leibes - dies Alles ist in dem Erleben des Zeitflusses zwar nicht mitgesetzt. Wohl aber kann ich den Zeitfluß nicht erleben, ohne daß mein Ich bei sich bleibt, sich festhält, also (so darf ich auch sagen) beharrt, Dauer hat.

Die Dauer des Ich gehört nun zwar — gemäß dem unter Nummer 3 Auseinandergesetzten — keineswegs zu dem Wesensgefüge der Zeitgegebenheit selbst. Vielmehr hat die Dauer des Ich ihren Ursprung in dem Wesen des Ich. Wohl aber ist die Stetigkeit der Zeit daraufhin angelegt, daß sich das Ich in ihr als dauernd erleben könne. Indem ich das Jetzt als eben hinschwindende Vergangenheit erlebe und damit zugleich im Jetzt auch das Nachher gleichsam in statu nascendi ergreife, ist die Möglichkeit gegeben, daß sich mein Ich als ein in der Zeit Dauerndes (und insofern die Zeit Überwindendes) erlebt.

So wenig es sich also rechtfertigen läßt, wenn Riehl die Vorstellung der Dauer als die eigentliche Zeitvorstellung ansieht, so ist doch insofern etwas Richtiges in dieser Anschauung, als in der Stetigkeit der Zeit die Möglichkeit des dauernden Ich angelegt ist. Von der Zeit selbst also darf man nicht sagen, daß sie beharrt oder dauert[62]. Bei Riehl sind mit dieser seiner Ansicht von der Dauer noch andere unzutreffende Vorstellungen verknüpft. Davon wird weiterhin im Zusammenhang die Rede sein.

7. Wir haben im dritten und vierten Kapitel gesehen: in der Selbststetigkeitsgewißheit des Ich werden wir der Zeitgegebenheit am unmittelbarsten inne. In ihr liegt die tiefste Ursprungsstätte der Zeitgegebenheit. So hängt die Zeitge-[103]gebenheit an dem erlebenden Ich. Zwar gehört das erlebende Ich nicht zum Wesensgefüge der Zeit, wohl aber bildet es das

---

[62] Schon in der Kant gewidmeten kritischen Betrachtung des 6. Abschnittes wurde diese Frage berührt.

Korrelat zur Zeitgegebenheit. Die Zeitgegebenheit steht zum erlebenden Ich im Verhältnis eines Objektes zum Subjekt. Nicht freilich eines Objektes in der Gestalt einer Vorstellung, sondern in der intimeren Form dessen, wessen wir unmittelbar inne werden. Hier ist nun die Einsicht dazu getreten, daß die Dauer auf die Seite des Subjekts, des erlebenden Ich, auf die Seite der Selbststetigkeitsgewißheit fällt. Doch ist, das sahen wir jetzt gleichfalls, das Objekt, die Zeitgegebenheit, daraufhin angelegt, daß es zu einem bei sich bleibenden, sich festhaltenden, dauernden Ich kommen kann.

XIII. ZEITVORSTELLUNG UND ZEITANSCHAUUNG

1. Jetzt soll nicht von dem unmittelbaren Erleben der Zeit, nicht von dem Innesein der Zeit die Rede sein; sondern es soll uns die vorstellungsmäßige Vergegenwärtigung der Zeit, kurz gesagt: die Zeitvorstellung beschäftigen. Das Vorstellen der Zeit kann entweder erinnerungsmäßig sein: ich erinnere mich an die im Konzert gehörte Tonfolge einer Melodie, an das Nacheinander der Vorgänge in einer Sitzung, an den Verlauf der Eindrücke bei einem Eisenbahnunglück. Oder das Vorstellen der Zeit beruht auf freier Formung der Vorstellungsinhalte: ich male mir aus, was der Reihe nach geschehen wäre, wenn ich einen Unglücksfall nicht verhindert hätte; oder wie ein Verhör, dem ich mich morgen zu unterziehen habe, der Reihe nach ablaufen werde. Das erinnerungsmäßige Vorstellen der Zeit bezieht sich selbstverständlich stets auf die Vergangenheit; das frei formende Vorstellen der Zeit dagegen kann sich sowohl auf Vergangenes wie Zukünftiges und auch auf Gegenwärtiges [104] beziehen. Ein Beispiel für diesen dritten Fall ist es etwa, wenn ich mir in der Neujahrsnacht um 12 Uhr das Nacheinander ausmale, das sich in einer entfernten befreundeten Familie jetzt vielleicht abspielt. Übrigens kann auch der Fall vorkommen, daß ich ein Nacheinander frei forme, ohne zu bestimmen, ob es der Vergangenheit, Gegenwart oder Zukunft angehöre. So ist es, wenn ich mir etwa ein Märchen ersinne. Hier handelt es sich um einen Zeitverlauf überhaupt, ohne daß das Verhältnis zum Jetzt bestimmt wäre. Das frei formende Vorstellen des Zeitverlaufes will ich auch das phantasiemäßige Zeitvorstellen nennen; so daß also die erinnerungs- und die phantasiemäßige Zeitvorstellung einander gegenüberstehen.

In keinem Falle kann die Zeit rein für sich den Inhalt des Zeitvorstellens bilden. Vom zweiten Abschnitte her steht für uns fest, daß uns die

Zeit immer nur ein Implizite-Gegebenes ist. Wie ich die Zeit immer nur als ein in einem sie ausfüllenden Inhalt Mitenthaltenes unmittelbar erlebe, so kann ich mir die Zeit auch nur insoweit vorstellig machen, als ich mir irgendeinen Inhalt (Tonfolgen, wechselnde Gesichtseindrücke, wechselnde Gefühle) als in der Zeit dahinfließend vorstelle.

2. Eine gewisse Klarstellung wird hier nicht überflüssig sein. Oft wird dem erinnerungsmäßigen Vorstellen der Vergangenheit das Vorstellen des zukünftig Geschehenden einfach gegenübergestellt. Damit wird man der Sachlage nicht gerecht. Dem Erinnern entspricht hinsichtlich der Zukunft überhaupt nichts. Das Erinnern ist in seiner Wesenheit derart innig und völlig mit der Vergangenheit verknüpft, daß es auf Seite des Zukünftigen schlechtweg nichts ähnliches oder Analoges gibt. Die Erinnerung ist eine einzigartige, unvergleichliche Leistung des Bewußt-[105]seins, und diese Leistung ist eben ihrer Wesenheit nach nur hinsichtlich des Vergangenen möglich. Es bleibt von ihr rein nichts übrig, wenn man die Richtung auf das Vergangne wegnehmen wollte.

Vielmehr gilt gemäß der Sachlage folgende Entsprechung. Der phantasiemäßigen Vorstellung von der Zukunft entspricht nicht die erinnerungs-, sondern die phantasiemäßige Vorstellung vom Vergangenen. Wie ich mir vorstellen kann, was ich im künftigen Jahr unternehmen werde, so kann ich mir ausmalen, was ich im verflossenen Jahr unternommen haben würde, wenn ich klüger gewesen wäre oder mich nicht in einer Zwangslage befunden hätte. Ein Dichter erfindet einen Roman, der bei Ausbruch des Weltkrieges spielt; ein anderer Dichter läßt seine Erzählung in der Zukunft, etwa um das Jahr 2000, vor sich gehen. Das erinnerungsmäßige Vorstellen gehört einer gänzlich anderen Sphäre an. Freies Formen der Zeitvorstellung gibt es ebensogut vom Zukünftigen wie vom Vergangenen; und auch hinsichtlich des Gegenwärtigen ist es, wie ich schon vorhin bemerkt habe, möglich. Die Erinnerung dagegen ist gänzlich an die Vergangenheit verschrieben.

In welchem Maße die Erinnerungsgewißheit eine einzigartige, unvergleichliche Art und Weise ist, sich der Vergangenheit zu bemächtigen, wird vielleicht durch folgende Überlegung noch deutlicher. Man könnte meinen, daß dem Erinnern als dem unmittelbaren Ergreifen eines Vergangenen das Hellsehen als ein unmittelbares Erfassen eines Zukünftigen entspreche. Sei doch das Erinnern im Grunde ein Hellsehen in die Vergangenheit hinein! Auch das Erinnern sei etwas Wunderbares: ein Sich-Durchsichtigmachen der Vergangenheit. Hierbei wird aber gerade das Entscheidende übersehen: das Erinnerte habe ich selbst erlebt, während [106] beim Hellseher von einem Erlebthaben dessen, was er als zukünftig erschaut, keine Rede ist. Was dem Hellsehen in die Zukunft entspricht, ist vielmehr dasjenige Wissen vom Vergangenen, welches das Vergangene, ohne es erlebt zu haben, erschaut. So weiß bei Schiller die Jungfrau von Orleans, was der König in der verflossenen Nacht in drei Gebeten vom Himmel erfleht hat.

3. Bin ich im Stande und inwieweit bin ich im Stande, mir eine Zeitstrecke derart vor mein Vorstellen zu bringen, daß ich sie als einen Verlauf vor mir habe? Vermag ich mir einen Zeitverlauf als solchen gegenwärtig zu machen? Das heißt: bin ich im Stande, mir einen Zeitverfluß als stetig verlaufend, als sich ununterbrochen dehnend unmittelbar vor mein Bewußtsein treten zu lassen? Damit wäre eine Steigerung des Vorstellens ins Anschauliche gegeben. Natürlich kann diese Frage nur ein Implizite-Vorstellen meinen. Ich kann sie daher auch so ausdrücken: bin ich im Stande, mir einen zeiterfüllenden Inhalt derart vorzustellen, daß ich implizite sein zeitliches Fließen mit meinem inneren Blick überschaue? Ich will für diese gesteigerte Art, den zeitlichen Ablauf vorzustellen, die kurze Bezeichnung „Zeitanschauung" anwenden. Die Frage kann also auch so lauten: kann meine Zeitvorstellung den Charakter der Zeitanschauung annehmen, und inwieweit ist dies möglich?

Das Gegenteil ist eine Zeitvorstellung, die auf Erinnerung, Wissen, Zusammensetzen, Verknüpfen beruht. Wenn ich mir die Dauer des siebenjährigen Krieges oder an meinem Geburtstage mein soeben abgelaufenes Lebensjahr oder die Eindrücke während eines eintägigen Besuches meiner Heimat vorstelle, so geschieht dies nicht in der Weise, daß ich in innerer Blickwendung ein entsprechend langes Sichhindehnen der Zeit vor mir habe; sondern ich bringe mir ein-[107]zelne Zeitstücke in Erinnerung, verbinde mit ihnen ein Wissen von ihrer sei es genauen oder ungefähren Dauer und füge diese Zeitstücke zusammen, wobei ich das Wissen habe, daß sie zusammen sieben Jahre, ein Jahr, einen Tag darstellen. Auf eine genaue psychologische Beschreibung kommt es hier nicht an; genug, daß hier kein anschauliches Vorstellen in dem gekennzeichneten Sinne, sondern ein auf Einzelerinnerung und Wissen beruhendes Vorstellungsmosaik vorliegt. Ich will in diesem Fall, im Gegensatze zu dem anschauenden, von verknüpfendem Zeitvorstellen reden.

Es wäre aber zu weit gegangen, wenn man die Möglichkeit einer anschaulich vorgestellten Zeit geradezu leugnen wollte. Nur ist das Zeitanschauen auf sehr kleine Zeitstrecken eingeschränkt. Wenn ich mir mein ruhiges Aus- und Einatmen vorstelle, so sehe ich die sich dehnende Zeit ordentlich vor mir. Ebenso wenn ich mir, um mit Heinrich Heine zu reden, die „schluchzend langgezogenen Töne" der Nachtigall, die ich gestern abend gehört, wieder vergegenwärtige, überschaue ich kleine Zeitstrecken. Einige andere Beispiele: ich stelle mir die Zeitspanne von wenigen Sekunden vor, die heute beim Ausreißen meines Zahnes vom Ansetzen der Zange bis zum Draußensein des Zahnes verfloß; ich versetze mich in das süße Gefühl vor dem Einschlafen oder in das unangenehme Gefühl bei ungewöhnlich raschem Dahinsausen eines D-Zuges. Auch in den beiden letzten Fällen nämlich tritt, indem ich mir die entsprechenden Gefühle vorstellig mache, bei geeigneter Hinwendung der Aufmerksamkeit die Zeitausdehnung vor mein inneres Auge. Immer aber sind es nur kleinste Zeitstrecken, die sich anschaulich vor meinem Vorstellen ausbreiten.[63] – Soviel ich [108] urteilen kann, kommt das Zeitanschauen besonders deutlich, soweit es sich um erinnerungsmäßiges Vorstellen handelt, zu Stande. Das frei formende, phantasiemäßige Zeitvorstellen dagegen scheint mir ein weniger günstiger Boden für das Entstehen von anschaulichem Zeitvorstellen zu sein.

4. Auf der Seite des Raumes findet sich ein ähnlicher und doch erheblich verschiedener Sachverhalt. Dem unmittelbaren Innesein oder Erleben des Zeitflusses entspricht das Gegenwärtigwerden des Raumes in der Form des Gesehenen und Getasteten. Ich sehe nicht nur Licht und Farben, sondern auch das Räumlichsein; ich taste nicht nur Rauhes und Glattes, Hartes und Weiches, sondern auch das Räumlichsein. Ich stehe daher nicht an, von Raumempfindung und, wofern ich das Geordnete, Zusammengefügte der Empfindungsinhalte betonen will, von Raumwahrnehmung zu reden. Sonach darf ich sagen: dem unmittelbaren Innewerden der Zeit steht gegenüber die Raumempfindung oder Raumwahrnehmung.

---

[63] Bei Marty finde ich den Satz stark hervorgehoben, daß „nur eine sehr beschränkte Strecke absoluter zeitlicher Positionen uns anschaulich gegeben ist" (Raum und Zeit, S. 234; vgl. S. 211, 227, 231, 235). Allein soviel ich Martys Darlegungen verstehe, deckt sich dieser Satz mit meiner Auffassung schon darum nicht ganz, weil er das von mir scharf unterschiedene unmittelbare Zeitinnesein in das anschauliche Gegebensein der Zeit unbemerkt mit einbezieht. Bezeichnet er doch die anschauliche Zeitgegebenheit auch als das „unmittelbare Zeitbewußtsein" (S. 231).

Davon ist nun, entsprechend der Zeitvorstellung, die Raumvorstellung zu unterscheiden. Und diese entsteht entweder erinnerungsmäßig oder in freier Umformung, phantasiemäßig. Auch hierin besteht Parallelismus zwischen Zeit und Raum. Und auch die andere, wichtigere Zweiteilung der Zeitvorstellung findet ihr Entsprechendes auf Seite des Raumes: das Raumvorstellen ist entweder verknüpfender oder anschauender Art.

[109] Doch zeigt sich ein großer Unterschied zu Gunsten des Raumes, wenn man sich Rechenschaft gibt, in welchem Umfang ein wirklich anschauendes Vorstellen von Raumerstreckung möglich ist. Hier finden wir uns keineswegs auf kleinste Erstreckungen eingeschränkt. Ich bin im Stande, mir nicht nur die Länge eines Fingers, sondern auch die Breite meines Schreibtisches, die Höhe einer Fichte, eines Kirchturmes vor mein inneres Anschauen als ein sich stetig Erstreckendes zu bringen. Mir steht die Gestalt eines Elefanten, eines Dampfers, eines Gebirgsprofils als ein Kontinuum vor meinem inneren Auge. Dagegen ist es mir völlig unmöglich, mir den Weg, den die Eisenbahn von Leipzig nach Halle zurückgelegt, oder die von Leipzig eingenommene Fläche als Kontinuum vor mein inneres Schauen zu bringen. Ich vermag in diesen Fällen mir nur einzelne Raumstücke in der Erinnerung zu vergegenwärtigen, sie zusammenzufügen und damit mein Wissen von der zahlenmäßigen Größe der Stücke und des Ganzen zu verknüpfen. Genauer hierauf einzugehen, ist Sache der experimentellen Psychologie. Es genügt, darauf hingewiesen zu haben, daß die anschauende Raumvorstellung bei weitem nicht auf so enge Grenzen eingeschränkt ist wie die Zeitanschauung, aber doch auch ihre nicht zu fernen Grenzen findet.

5. Einen Punkt an der Zeitanschauung gilt es noch klarzustellen. Wenn ich mir ein einmaliges Ein- und Ausatmen vorstelle, so habe ich eine innere Anschauung eines Zeitkontinuums. Vollziehe ich diese Zeitanschauung sozusagen mit einem Blick, in einer einzigen Hinwendung des Bewußtseins? Oder hat das Hinschauen diejenige Dauer, die der jeweilige Vorgang im wirklichen Erleben hat? Handelt es sich um einen Akt, der mit einem Male sein ganzes Objekt, eben das betreffende Zeitkontinuum, umspannt? Oder [110] kommt mir dieses Objekt nur allmählich im Verlaufe der gleichen Zeit, deren es beim wirklichen Erlebtwerden bedurfte, zur Anschauung?

Man braucht sich nur zu vergegenwärtigen, was dieses Entweder-Oder besagt, um sofort zu der Einsicht zu kommen, daß die zweite Möglichkeit ausscheidet. Denn eine Anschauung der Zeit entsteht in dem zweiten Fall doch erst in dem Augenblick, wo ich am Ende meines Vorstellens auf Grund der Erinnerung rückblickend und zusammenfassend mir mit einem Male das ganze Zeitkontinuum vor mein Vorstellen bringe. Was diesem Augenblick vorangeht, wäre Vorstellung der Zeit ohne die auszeichnende Eigentümlichkeit der Anschauung. Umspannung mit einem Akt der Bewußtseinshinwendung ist das Wesen der Anschauung. So hebt sich die zweite Möglichkeit zu Gunsten der ersten auf.

Nicht allmählich also geht, wo Zeitanschauung zu Stande kommt, das Vorstellen des Zeitablaufes vor sich, um dann am Schluß rückblickend das Vorgestellte zusammenzufassen. Sondern in einer augenblicklichen, einzigen Bewußtseinshinwendung umspannt das Anschauen die ganze Zeitstrecke.

XIV. DIE VORSTELLUNG DES FRÜHER UND SPÄTER

1. Die Ausgestaltung der „verknüpfenden" Zeitvorstellung geht zunächst auf Grund der Erinnerung an die eigenen Erlebnisse vor sich. Mein vergangenes Leben breitet sich in mehr oder weniger geordneter Weise, mehr oder weniger deutlich, mehr oder weniger vollständig vor meiner Erinnerung aus. Freilich bleiben auch die höchsten erreichbaren Grade von Vollständigkeit noch stark im Bruchstückartigen und Lückenhaften stecken.

Erst auf Grundlage solchen erinnerungsmäßig den eige-[111]nen Lebenslauf „verknüpfenden" Zeitvorstellens kann es dazu kommen, daß sich das „verknüpfende" Zeitvorstellen auf das von Anderen Erlebte ausweitet. Die von Anderen mir mitgeteilten Erlebnisse werden derart in den Zeitlauf eingeordnet, daß sie auf Gegenwart und Vergangenheit meines eigenen Lebens bezogen werden: zunächst ungefähr und allmählich immer bestimmter. Die Mitteilungen Anderer können sich auch (wenn ich etwa Ranke oder Tacitus lese) auf Ereignisse beziehen, die in eine Vergangenheit, die vor meinem Leben liegt, eingeordnet werden müssen. Ich erwähne dies nur, um hinzuzufügen, daß ich mich hier nur mit der Ausgestaltung der meinen eigenen Lebenslauf erinnerungsmäßig umfassenden Zeitvorstellung beschäftigen will.

Nur nebenher sei bemerkt, daß im Hinblick auf die durch Mitteilung Anderer unternommene Ausgestaltung der Zeitvorstellung eine im vorigen Kapitel gegebene Zweiteilung zu einer Dreiteilung erweitert werden muß. Dort stellte ich der erinnerungsmäßig verknüpften Zeitvorstellung die in freier Umformung (oder phantasiemäßig) gestaltete Zeitvorstellung gegenüber. Jetzt ist klar, daß noch ein mittlerer Fall in Betracht kommt. Wenn ich mir auf Grund der Mitteilung eines Anderen über Vergangenes eine Zeitvorstellung bilde, so liegt kein freies Formen vor, sondern die mir von dem Anderen zu teil gewordenen Anweisungen bestimmen meine Formungen. Ich lese etwa: im Jahre 1759 wurde Schiller geboren. Hierdurch finde ich mich bestimmt, in meine Zeitvorstellung eine entsprechende Eintragung zu machen. Ich darf in solchen Fällen von nacherzeugendem Zeitvorstellen sprechen. Das nacherzeugende Zeitvorstellen steht sonach in der Mitte zwischen dem „erinnerungs"- und dem „phantasiemäßigen" (oder frei formenden) Zeitvorstellen.

[112]   2. Das unmittelbare Zeitinnesein oder das Selbststetigkeitsgefühl ist die Voraussetzung für die Erinnerungsgewißheit. Und diese wieder bildet die Voraussetzung für die Zeitvorstellung, und zwar zunächst für die Vorstellung vom eigenen vergangenen Leben.

Durch die Erinnerungsgewißheit wird mir nun nicht etwa nur irgend ein herausgerissener Punkt der Vergangenheit mit der gänzlich unbestimmt gelassenen Kennzeichnung als „vergangen überhaupt" vergegenwärtigt. Vielmehr erstreckt sich die jedesmalige Erinnerung meistenteils auf ein Nacheinander, auf einen zeitlichen Zusammenhang. Ich erinnere mich etwa, daß, als es zu regnen aufgehört hatte, ich einen Spaziergang machte und in einer bestimmten Straße meinem Sohne begegnete, mit dem ich eine gewisse Angelegenheit besprach, worauf wir uns trennten. So stellt das jedesmal Erinnerte gewöhnlich schon an sich selbst ein Verhältnis von Vorher und Nachher, von Früher und Später, von Mehr- und Weniger-Vergangen dar. Dazu kommt aber dann, daß auch diejenigen Inhaltsgruppen, die uns durch zeitlich getrennte Erinnerungsakte gegenwärtig werden, untereinander in das Verhältnis des Früher und Später treten. Ich erinnere mich etwa an ein Erlebnis aus meiner Volksschulzeit: ich, die Volksschule besuchend — dies gehört zu dem Inhalt dieses Erinnerungsaktes oder dieser Gruppe von Erinnerungsakten. Andere Male sind es Erlebnisse aus meiner Lateinschul-, Studenten-, Privatdozentenzeit. Und jedesmal gehört zu dem Erinnerungsinhalt eine mehr oder weniger bestimmte Zeitstelle in meinem Lebensgange.

Oder: indem ich mich an eine gewisse Begebenheit erinnere, verknüpft sich mir damit die Gewißheit: damals war ich noch unverheiratet. Ein anderes Mal gehört zu dem erinnerten Inhalt die Gewißheit: damals war ich seit kurzem verheiratet. [113] Auf diese Weise werden auch Erinnerungsinhalte, die zeitlich auseinanderliegenden Erinnerungsakten angehören, in das Verhältnis des Früher und Später gebracht. So entsteht mir ein mehr oder weniger geordnetes Bild meines vergangenen Lebens.

Ich brauche nun wohl kaum auszuführen, daß dieser so gewonnene Unterschied von Früher und Später allenthalben, wo es sich um nacherzeugendes und um phantasiemäßiges Zeitvorstellen handelt, ununterbrochene Anwendung findet. Ich mag ein Geschichtswerk lesen oder als Dichter an einem Roman schreiben: hätte ich mir nicht aus der sich auf mein eigenes Erleben beziehenden Erinnerungsgewißheit den Unterschied von Früher und Später erworben, so würde ich weder einen Satz des Geschichtswerkes zu verstehen noch eine einzige Zeile des Romans zu schreiben im Stande sein.

Und ebensosehr bedarf ich dieses Unterschiedes für das sowohl nacherzeugende wie freiformende Vorstellen vom Zukünftigen. Ich lese etwa, wie sich ein Nationalökonom den Wandel der sozialen Verhältnisse in den nächsten Jahren oder in fernerer Zeit vorstellt. Oder ich ergehe mich in Vorstellungen über die Gestaltung meiner nächsten Sommerreise. Offenbar komme ich dort wie hier ohne die Anwendung des Unterschiedes von Früher und Später nicht einen Schritt vorwärts.

3. Besonders wichtig ist es nun, sich die sekundäre Natur des Unterschiedes von Früher und Später klar zu machen. Primär ist der Unterschied von Gegenwärtig, Vergangen und Zukünftig. In dem unmittelbaren Innesein der Zeitgegebenheit, m. a. W.: in der Selbststetigkeitsgewißheit ist dieser Unterschied gegeben. Denn ich erlebe das Ich als eben sich aus dem Vorher hervordrängend und sich an ein weiteres Jetzt preisgebend. Das Jetzt ist für mich eben hin-[114]schwindendes Soeben-Gegenwärtiggewesensein und ebendamit Übergehen in ein Soeben-Nochnicht-Gegenwärtiggewesensein. Mit diesem primären Unterschied von Gegenwärtig, Vergangen, Zukünftig ist, wie man sieht, der Unterschied von Früher und Später noch lange nicht erreicht. Dieser zweite Unterschied betrifft die Ausgestaltung zunächst des Vergangenen und weiterhin des Zukünftigen. Und zu dieser Ausgestaltung kann es erst kommen, wenn auf Grund der Selbststetigkeitsgewißheit der Vorgang der Erinnerung eingetreten ist. „Frü-

her" und „Später" ist voraussetzungsreicher als jener Unterschied. „Früher" und „Später" hat zur Voraussetzung den Erinnerungsvorgang, und dieser seinerseits setzt das unmittelbare Zeitinnesein mit seinem immanenten Jetzt, Vorher und Nachher voraus. Vor allem bei Marty findet man den Unterschied des Früher und Später in seiner Eigenart gegenüber dem Unterschied von Gegenwärtig, Vergangen und Künftig betont[64].

Von wie wesenhaft verschiedener Art die beiderseitigen Unterschiede sind, geht auch aus dem entgegengesetzten Verhältnis zur Kontinuität hervor. Der Unterschied von Vergangen, Gegenwärtig und Zukünftig wurzelt unmittelbar im Selbststetigkeitsgefühl, er verläuft also geradezu im Elemente des Stetigen. Indem ich das Jetzt in seinem Werden und Schwinden erlebe, lerne ich primär das Stetige kennen. Dagegen entsteht die Vorstellung von meinem Lebensgange durch mannigfache Zusammenstückelung von Früher und Später. Das „Früher" ist mit dem „Später" nicht in kontinuierlicher Weise verbunden. Ich weiß zwar, daß im ehemaligen wirklichen Erleben stetige Übergänge vorhanden waren; aber dies ist eben ein bloßes Wissen, das ich hinzubringe. Die stetigen Übergänge werden meinem inneren [115] Auge nicht gegenwärtig. Auf Grund des Früher und Später würde ich nie erfahren, was Kontinuität ist. Mein Lebensgang mit seinem Früher und Später ist für mich ein Mosaik mit unzähligen klaffenden kleineren und größeren Lücken.

XV. DRITTE KRITISCHE EINSCHALTUNG

1. Auf Martys Darlegungen über die Zeit habe ich schon einige Male, teils zustimmend, teils von ihnen abweichend, hingewiesen. Überblicke ich seine Ausführungen im Ganzen, so erscheinen sie mir als eine schwer scheidbare Verbindung von Empirismus in gutem Sinn und Logizismus.

Der Logizismus macht sich vor allem darin geltend, daß nach seiner Auffassung das „anschauliche Zeitbewußtsein" nur durch die „temporalen Urteilsmodi" zu Stande kommt. Nicht ein Vorstellen, sondern ein Urteilen sei es, wodurch uns etwas unmittelbar als gegenwärtig oder vergangen erscheint. Genauer ist es so, daß er den „Präteritalmodus" des Urteils mit dem „Präteritalmodus" zusammenwirken läßt. Daraus soll sich das „anschauliche

---

[64] Marty, Raum und Zeit, S. 207.

Überblicken" des Zeitkontinuums ergeben[65]. Ich vermag diese Vorherrschaft der Urteilsmodi mit dem tatsächlichen Befund nicht in Einklang zu bringen. Das Zeitinnesein erlebe ich als etwas Vorlogisches; von der Bewußtseinseinstellung des Urteilens ist dabei nichts zu entdecken. Es liegt einfache Gegebenheitsgewißheit vor. Geradeso wie das Farbige oder Wohlriechende für mich vorhanden ist, ohne daß ich mich urteilend dazu stelle, ist auch das stetige Nacheinander des Gegebenen für mich da. Durch das Urteil wird mir die Zeit gegenständlich; [116] sie hebt sich als ein Eigentümliches von den anderen Faktoren der Erfahrung ab. So verschärft, gliedert, ordnet sich das Zeitbewußtsein. Dagegen ist lange, bevor das Urteilen in der Frühzeit des Kindes beginnt, für sein Bewußtsein das Eine nach dem Anderen unterbrechungslos vorhanden. Wie sollte denn auch übrigens das Urteilen es anstellen, um von sich aus das Anschauen eines Kontinuums zu Wege zu bringen? Im besonderen soll es der Präteritalmodus sein, der „eine stetige Mannigfaltigkeit" von „zeitlichen Positionen umfaßt", während sich der Präsentialmodus „bloß sukzessive auf eine stetige Folge von zeitlichen Positionen bezieht". Aber wie macht es denn, so fragt man sich, das Vergangenheitsurteil (also etwa „Es hat geregnet"), daß, ohne daß Kontinuität schon unmittelbar gegeben ist, die verflossenen sukzessiven Jetzte zur Kontinuität zusammenrinnen?

Aber wenn Marty auch dabei das Urteil als primär beteiligt annimmt: jedenfalls erkennt er eine anschauende Zeitvorstellung an. Ich finde mich in dieser Hinsicht mit Marty auch insofern zusammen, als er das Engbegrenzte dieser Zeitanschauung hervorhebt. Immer wieder kommt er auf das „Minimale", „sehr Eingeschränkte" dieser Anschauung zu sprechen. „Nur eine sehr beschränkte Strecke absoluter zeitlicher Positionen ist uns anschaulich gegeben."[66] Es ist nur das Mißliche, daß der Leser nicht sicher weiß, ob Marty mit der minimalen Zeitanschauung wirklich das unmittelbare Zeitinnesein oder nur etwas im Zeitvorstellen Zustandekommendes vor Augen hat. Das Zeitanschauen in jenem Sinne habe ich im vierten, das in diesem Sinne im dreizehnten Kapitel behandelt.

---

[65] Anton Marty, Raum und Zeit, S. 204, 209, 210f., 214, 220. So heißt es S. 209: das Kontinuum zeitlicher Positionen kann nur angewandt werden, indem sich mit einer derselben der präsentiale Modus, mit den anderen der präteritale Modus des Urteils verbindet.

[66] Marty a. a. O. S. 214, 226f., 231, 234, 239.

Es ist schwer, sich in Martys Grundanschauung zurechtzufinden. Wiewohl er die primäre Bedeutung der Urteils-[117]modi für das Entstehen der kontinuierlichen Zeitanschauung zu wiederholten Malen unzweideutig ausspricht, taucht doch bei ihm auch die entgegengesetzte Anschauung auf. Wir hören: vom Gegenwärtig- zum Vergangensein gibt es keinen kontinuierlichen Übergang; die Urteilsmodi können uns nicht das Bewußtsein der Stetigkeit verschaffen; das Zeitkontinuum kann für uns nur dadurch entstehen, daß sich an den Objekten der Unterschied von „Früher" und „Später" hervortut; nur durch diese „Objektsdifferenzen" ist uns die Zeit als Kontinuum gegeben. Ich kann mir nicht vorstellen, daß für Marty diese Unstimmigkeit unbemerkt geblieben sein sollte; ich vermag aber Anderseits nicht zu sagen, wie er sich die Sache zurechtgelegt haben mag[67].

Abgesehen von dieser Unstimmigkeit ist auch auffallend, daß Marty den Ursprung des Zeitkontinuums dort sucht, wo er gerade nicht zu finden ist. Das „Früher" und „Später" stellt sich uns, so sahen wir, als ein Mosaik dar. Mit diesem Mosaik verbinden wir das Wissen, daß sich das ihm entsprechende Vergangene zweifellos als Kontinuum vollzogen habe. Zu diesem Wissen aber würden wir nie gelangen, wenn wir nicht das Fließen der Jetzte, d. h. den stetigen Übergang von Vergangenheit zur Gegenwart beständig unmittelbar erlebten. Gerade hier aber wiederum findet Marty an den zuletzt herangezogenen Stellen nichts von Kontinuität. Der Gegenwarts- und der Vergangenheitsmodus „bilden ein Diskretum".

2. Ich ziehe jetzt die Zeittheorie heran, die Alois Riehl 1879 im zweiten Bande seines Hauptwerkes ausgeführt hat, [118] und die mir gerade wegen ihrer einseitigen Richtung auch heute noch als bedeutsam erscheint. Für Riehl steht bei Erörterung des Zeitproblems die transzendentale Frage obenan: ja, die transzendentale Betrachtungsweise beherrscht die ganze Erörterung derart, daß die schlichte, unbefangene Auffassung der Zeitgegebenheit überhaupt nicht einmal als Aufgabe in seinen Untersuchungskreis tritt.

Vor allem wendet sich Riehls Aufmerksamkeit dem Verhältnis der Zeitvorstellung zur Einheit des Bewußtseins zu. Immer wieder kommt er

---

[67] Marty a. a. O. S. 207f. Der Kritiker hat sich zu vergegenwärtigen, daß, wie die Herausgeber des nachgelassenen Werkes berichten (S. IVf.), Marty mitten aus der Arbeit durch den Tod herausgerissen wurde, und daß es so zu einem Abrunden und Überprüfen der hastig niedergeschriebenen Gedanken nicht kam.

auf den (in Kantischem Geist sich bewegenden) Gedanken zurück, daß die Zeitvorstellung nur auf Grund der „Einheit der Apperzeption", auf Grund der „Identität der Bewußtseinsform", auf Grund der „Synthese der Bewußtseinseinheit" entsteht. Doch hiermit muß noch eine zweite Quelle zusammentreten, wenn es zur Vorstellung der Zeit kommen soll. Diese zweite Quelle ist die „Tatsache des Nacheinander", genauer: die „Folge der Empfindungen", das „tatsächliche Nacheinandersein der Empfindungen". „Die Vorstellung der Zeit ist das Produkt der Einheit des Bewußtseins in jenes Materiale der Erfahrung", das heißt: in die „sukzessiven Eindrücke"[68]. Bedenkt man das hiermit Gesagte, so erkennt man sofort, daß, während die Zeit erst als Produkt von zwei Faktoren hingestellt wird, in Wahrheit das Zeiterlebnis, das Zeitgegebene bereits in dem zweiten Faktor vorausgesetzt ist. Denn indem sich mir die Empfindungen als Nacheinander darbieten, stehe ich bereits mitten im zeitlichen Verlauf. Diese Voraussetzung wird von Riehls Zeittheorie einfach mitgeführt. Seine Theorie bezieht sich also im Grunde nur auf das Verhältnis unseres Bewußtseins zu dem schon als Tatsache anerkannten zeitlichen Verlaufe.

In der „Tatsache des Nacheinander" liegt auch die Stetig-[119]keit der Zeit eingeschlossen. Ja, wir haben gesehen: nur in der Form der Stetigkeitsgewißheit gibt es für uns ein Vorher und Nachher; und weiterhin entwickelt sich daraus der Unterschied des „Früher" und „Später". Ganz anders lautet die Auffassung Riehls. Er wendet die Sache so, daß aus der Einheit des Bewußtseins im Wechsel der Empfindungen die Kontinuität der Zeit „folgen" soll. „Die Vorstellung der Stetigkeit ist aus der Permanenz des Bewußtseins in der Auffassung des Nacheinander abzuleiten."[69] Das unbefangene Erfassen des Rein-Gegebenen belehrt uns, so sahen wir, im Gegenteil davon, daß das stetige Fließen der Zeit ein unmittelbar Erlebtes ist. Auch würde für unser Bewußtsein ein Nacheinander überhaupt nicht entstehen können, wenn sich uns das Jetzt nicht als eben herkommend aus dem Vorher unmittelbar darböte. Davon war im vierten Abschnitt ausführlicher die Rede.

Riehls Zeittheorie ist gerade dadurch lehrreich, daß sie zeigt, wie die Kantische Einstellung des Bewußtseins bei Untersuchung des Zeitproblems zum Logizismus hinführt. Aus dem „Denken der Zeit" soll ihre Stetigkeit

---

[68] Riehl, ebenda S. 122 f., 127, 131 f.
[69] Riehl, ebenda S. 115 f., 124 f., 133, 160 f.

und absolute Gleichförmigkeit stammen. Und überhaupt erhebt Riehl den Anspruch, einzig aus der Form der Bewußtseinseinheit, freilich „mit Hilfe von nachweisbaren Tatsachen der Empfindung", die Zeitvorstellung „abgeleitet" zu haben[70]. Dabei wird übersehen, daß in den hinzugezogenen „Tatsachen der Empfindung" das Eigentümliche, Neue, Originelle des Zeitverlaufs bereits mitgesetzt ist.

3. Das Äußerste an Logizismus zeigt die Zeittheorie Natorps. Das liegt in dem Wesen seines in dem Werk von 1910 „Die logischen Grundlagen der exakten Wissenschaften" [120] vertretenen Standpunkts. Wenn, wie in der „Marburger Schule", ein „Gegebenes" nicht anerkannt wird, kann auch die Zeit nichts vom Denken Vorgefundenes, nichts „Denkfremdes" sein. Selbst ein „Minimum von Denkfremdheit" lehnt Natorp ab. Auch die „Anschauung" muß durch „strenge, bis zur Wurzel dringende Analysis in die reinen Denkbestimmungen, die in ihr verflochten sind", auseinandergelegt werden. Selbst die „Existenz" ist „ein komplexeres Problem des Denkens"[71]. Und so glaubt denn Natorp die Zeit „kraft gedanklicher Notwendigkeit" als eine eindimensionale Ordnung, als eine „nur einzig gerichtete Reihenordnung" abgeleitet zu haben. Die Struktur der Zeit folgt aus den Gesetzen des reinen Denkens[72].

Im besonderen legt Natorp Gewicht darauf, daß die Kontinuität dem reinen Denken entstamme. Sie wurzelt in der durchgängigen Kontinuität des Zusammenhanges, in der Kontinuität des Begründens, in der „zentralen, zentrierenden Kraft des Denkens". (Hierin berührt sich Natorp mit Riehl.) Ich meine: es ist nicht schwer zu sehen, daß es nur dasselbe Wort ist, wenn man sowohl die ununterbrochene Erstreckung von Zeit und Raum wie auch den durchgängigen logischen Zusammenhang als Kontinuum bezeichnet. Natorp sieht hierüber hinweg, und so erhebt er denn den Anspruch, mit der Ableitung der Kontinuität als eines „ursprünglichen, unverbrüchlichen Gesetzes des Denkens" zugleich auch das Gelten der Kontinuität für Zeit und Raum bewiesen zu haben[73].

---

[70] Riehl, ebenda S. 125, 142, 158.

[71] Natorp, Die logischen Grundlagen der exakten Wissenschaften (1910). S. 47ff., 263f., 276, 302.

[72] Natorp a. a. O. S. 25, 63, 73, 237, 300, 303. Das Gleiche gilt nach Natorp vom Raume.

[73] Natorp a. a. O. S. 25, 63, 73, 287, 303.

Immer wieder hebt Natorp diesen logischen Charakter [121] und Ursprung von Zeit und Raum hervor. Gerade wegen der Konsequenz des Logisierens ist Natorps Zeit- und Raumtheorie besonders interessant und lehrreich. Zeit und Raum sind „reine Denkbestimmungen"; sie gehören „in aller Strenge zu den Setzungen reiner Erkenntnis"; nur im Denken haben sie ihren Ursprung. Über die Eigenschaften von Zahl, Zeit und Raum ist allein nach den Gesetzen des Denkens, ohne Heranziehung der Erfahrung, zu entscheiden[74].

Der Logizismus äußert sich auch darin, daß Natorp die Zeit gleichen Wesens mit der Zahl findet. Die Folge in der Zeit unterscheidet sich von der Folge in der Abzählung nur dadurch, daß für die Zeit nur „der unmittelbare Bezug auf Existenz" dazukommt[75]. „Existenz" ist aber selbst nur ein „Begriff des reinen Denkens". So wird die Zeit von Natorp in einer fast unüberbietbaren Weise ins Abstrakte verflüchtigt und dem Boden des Erlebens, der Unmittelbarkeit entrückt. Was der Zeit bei Natorp widerfährt, darf ich auch als gänzliche Entsinnlichung bezeichnen.

XVI. ZEIT UND ZAHL

1. Durch Kant wurde die Zeit in ein allernächstes Verhältnis zur Zahl gebracht. Er spricht zwar in der transzendentalen Ästhetik fast nur von der Geometrie und daneben von den die Zeit betreffenden Axiomen (wie etwa: die Zeit hat nur eine Dimension). Aber sinngemäß wird von der Frage: „Wie ist reine Mathematik möglich?" auch die Arithmetik als wesentliches Glied umschlossen. Entschei-[122]dend ist, daß zu den synthetischen Urteilen a priori nach Kant (wie schon sein ausführlich behandeltes Beispiel 7+5=12 beweist) auch die Sätze der Arithmetik gehören. So sehr er daher auch die Arithmetik in den Hintergrund drängt, so kann es doch nach Sinn und Zusammenhang nicht zweifelhaft sein, daß die Möglichkeit der Arithmetik ausschließlich durch die Apriorität der Zeitanschauung gewährleistet ist. Und so sagt er denn auch ausdrücklich: so wie „Geometrie die reine Anschauung des Raumes zugrunde legt", so bringt die „Arithmetik ihre Zahl-

---

[74] Natorp a. a. O. S. 270, 276, 280, 296f., 301f.

[75] Natorp a. a. O. S. 279, 283. Es ist daher charakteristisch, daß Natorp in der Zahl den einzigen Grundbegriff der Mathematik sieht. In bloßer Mathematik „wäre von keiner Zeit und folgerecht auch von keinem Raum zu reden, sondern einzig von der Zahl" (S. 279).

begriffe durch sukzessive Hinzusetzung der Einheiten in der Zeit zu Stande"[76]. Die Arithmetik erscheint als die apriorische Wissenschaft von der Zeit[77].

Offenbar liegt hier eine Verwechslung vor. Die arithmetischen Sätze stehen in einem unvergleichlich anderen Verhältnisse zur Zeit als die geometrischen zum Raume. Die Gebilde der Geometrie sind Ausgestaltungen des Raumes; die Zahlen als Ausgestaltungen der Zeit anzusehen, wäre sinnlos. Nur das Zählen, nicht aber die Zahl, vollzieht sich in der Zeit. Kant aber zieht das Zählen, also die Zeit, in die Zahl herein. Zur Zahl gehöre die „sukzessive Addition von Einem zu Einem"[78]. So erscheint es als möglich, daß die Apriorität der Zeitanschauung die Allgemeingültigkeit der Arithmetik begründet. Zugleich aber hatte Kant ein deutliches Gefühl für die Unstimmigkeiten, die sich daraus ergeben, daß er Raum und Zeit in ihrem [123] Verhältnis zur Mathematik einander nebenordnete und so die Wissenschaft von der Zahl zu einer Ausgestaltung der Zeitanschauung gemacht wurde. So spricht er denn fast nur von dem den Raum betreffenden Zweige der Mathematik: der Geometrie, und läßt, wo er doch des anderen Zweiges Erwähnung tut, die Arithmetik zu Gunsten der „Axiome von der Zeit" oder auch zu Gunsten der „reinen Mechanik" zurücktreten.

So unhaltbar indessen auch diese Kantische Verkoppelung der arithmetischen Sätze mit der Zeitanschauung ist, so besteht doch ein gewisser Zusammenhang zwischen der Zahl auf der einen und Zeit und Raum auf der anderen Seite. Und zwar ist es der Begriff der Stetigkeit, auf dem dieser Zusammenhang beruht. Denn auch die Zahlwissenschaft zielt nicht nur auf den Stetigkeitsbegriff hin, sondern mündet durch den Begriff der irrationalen Zahl und des Infinitesimalen geradezu in ihn ein. Es wird daher förderlich sein, wenn wir dem Verhältnis von Zahl und Stetigkeit unsere Aufmerksamkeit zuwenden. Bestehen hierüber irrige Vorstellungen, so kann dies leicht in die Auffassung von der Zeit Trübung und Verwirrung bringen. Um aber über das Verhältnis der Zahl zur Stetigkeit Klarheit zu gewinnen, ist es unerläßlich, zuvor in das Wesen der Zahl einen gewissen Einblick zu erlan-

---

[76] Kant, Prolegomena §10.

[77] Vgl. Max Frischeisen-Köhler, Wissenschaft und Wirklichkeit (1912), S. 326f.: es gibt keine eigene Zeitwissenschaft; weder die Arithmetik, noch die Mechanik, geschweige denn die Chronometrie dürfen als Zeitwissenschaft ausgegeben werden.

[78] Kant, Kritik der reinen Vernunft (im „Schematismus der reinen Verstandesbegriffe"; Reclam S. 145f.).

gen. Eine Theorie der Zahl freilich darf der Leser nicht im entferntesten erwarten.

Übrigens wird man schon durch Aristoteles auf eine solche Untersuchung hingedrängt. Unermüdlich prägt er im vierten Buch seiner Physik den Satz ein: die Zeit ist die Zahl der Bewegung. So schwer deutbar auch dieser Satz sein mag, so besagt er doch jedenfalls, daß die Zahl, das Zählen, das Messen mit dem Wesen der Zeit in unmittelbarer Beziehung steht.

[124]   2. Wir achten zunächst darauf, daß, während Zeit und Raum unmittelbare Erlebnisse, vorlogische Gegebenheiten sind, die Zahl ein logisches Erzeugnis, ein Denkgebilde ist. Mannigfaltigkeit freilich erleben wir unmittelbar; Sinneseindrücke und innere Erlebnisse sind uns in bunter Fülle gegeben. Aber diese Vielheit des unmittelbaren Erlebens ist noch nicht die Zahl. Wir haben es hier nur mit der vorlogischen Vorstufe der Zahl zu tun[79]. An der unmittelbar erlebten Vielheit ist das wesenhaft Eigentümliche der Zahl noch nicht zur Entfaltung gekommen. So gehört die Zahl einer wesentlich anderen Erkenntnisstufe an als Zeit und Raum.

Mit Frege, Dedekind, Natorp, Driesch bin ich darin einverstanden, daß die Zahl nicht als Abstraktion von den vielen Dingen zu betrachten sei. Die vielen Dinge sind es nicht, wodurch mir die Zahl als solche gegeben, gleichsam zum Ablesen dargereicht wird. Wenn ich von Äpfeln spreche, so liegt die Zahl Zehn keineswegs in dem Eigentümlichen der Äpfel enthalten, so daß sie hier durch Zergliederung aufgespürt werden könnte. (Übrigens sind nicht nur „Dinge" [125] zahlenmäßig vorhanden. „Ich hatte heute vier traurige Eindrücke." „Kant nimmt zwölf Kategorien an." „Das Christentum lehrt eine Dreiheit in Gott." Hier ist es der Reihe nach Seelisches, logisches Gelten, metaphysische Wirklichkeit, was zahlenmäßig vorliegt.)

---

[79] Ähnlich habe ich in „Gewißheit und Wahrheit" (S. 104ff.) die Regelmäßigkeit im Nacheinander als vorlogische Grundlage der Kausalitätskategorie und die Regelmäßigkeit im Zusammensein von Eigenschaften als vorlogische Grundlage der Wesensgesetzlichkeit bezeichnet. — Wenn Levy-Brühl von der Zahl auf der Stufe der „prälogischen Geistesart", der „prälogischen Denkweise" spricht (Das Denken der Naturvölker; übersetzt von Jerusalem, 1921; S. 154, 167, 175), so ist damit etwas wesentlich Anderes gemeint, als ich hier unter der vorlogischen Grundlage der Zahl verstehe. Bei Levy-Brühl handelt es sich um einen entwicklungspsychologischen, bei mir um einen rein logischen Begriff. Die vorlogische Grundlage der Zahl ist in der wissenschaftlichen Stufe des Bewußtseins genau ebenso enthalten wie in der „prälogischen Geistesart" der Naturvölker. Meine Darlegung bezieht sich auf die überall, wo gezählt wird, vorhandene rein sachliche Vorstufe des logischen Denkgebildes der Zahl. Levy-Brühl dagegen handelt von der Art und Weise, wie im Bewußtsein der primitiven Völker das Zählen zu Stande kommt.

Die Zahlen sind nicht Abstraktionen, sondern sie entstammen dem Denken. Sie sind reine Setzungen, sie sind Wesenheiten mit dem Charakter des reinen Was, der reinen Gesetztheit. Man kann das Wort „Gesetztheit" ebensowohl wie das Wort „Setzung" gebrauchen. Das Wort „Setzung" bedeutet an der Zahl dies, daß eine erzeugende Tätigkeit des Denkens vorliegt. Das Wort „Gesetztheit" dagegen bezeichnet die Zahl als Ergebnis der „Setzung": ein Gesetztes liegt vor. „Setzung" und „Gesetztheit" sind sonach dasselbe, nur das eine Mal subjektiv-, das andere Mal gegenständlichgewendet. Die Zahl hat mithin keinen anderen Inhalt, als daß sie ein reines Was, ein Irgendwas, ein Rein-Gesetztes ist. Ich kann das Rein-Gesetzte auch als ein Dieses in seiner nacktesten, abstraktesten Form bezeichnen[80].

Hiermit ist aber nur das allgemeine Element bezeichnet, in dem sich die Zahlen bewegen. Das Eigentümliche der Zahl geht aus einer Synthese der trennenden und der zusammenfassenden Tätigkeit des Denkens hervor. Und zwar beziehen sich die trennende und die zusammenfassende Tätigkeit ausschließlich auf die reine Setzung. Was getrennt und zusammengefaßt wird, ist nicht irgendein bestimmter Inhalt, sondern die Setzung selbst, das leere Was, das ganz abstrakte Dieses.

[126] 3. Dabei kann nun in doppelter Weise vorgegangen werden. Erstens: ich vollziehe eine Setzung (A) und vollziehe noch eine Setzung (B) und fasse die Setzungen A „und" B zu einer einzigen Setzung zusammen. Dieser durch das zugleich getrennthaltende und zusammenfassende „Und" entsprungenen Gesetztheit gebe ich den Namen Zwei[81]. So ist also „Zwei" die Zusammenfassung von einer und noch einer Gesetztheit. Der Fortgang ist der gleiche: ich vollziehe nochmals eine Setzung, fasse diese Setzung mit der durch den Namen „Zwei" gekennzeichneten Setzung zusammen und gebe der so entstandenen Gesetztheit den Namen „Drei". Und so ins Endlose

---

[80] Es liegt daher eine Trübung des Zahlbegriffes auch schon dort vor, wo, wie es bei Jonas Cohn geschieht (Voraussetzungen und Ziele des Erkennens, 1908; S. 169ff.), der Begriff der mehreren Gegenstände in das Wesen der Zahl hereingezogen wird.

[81] Nicht Eins also, sondern Zwei ist die ursprüngliche Zahl. Jene den Anfang bildende Ursetzung ist als solche noch nicht die Eins, sondern eben ein reines Dieses. Erst durch Rückwirkung von der Zwei aus wird aus der zahlenmäßig noch neutralen Ursetzung die Zahl Eins.

weiter[82]. So ist also jede Zahl Zusammenfassung einer bestimmten Menge reiner Gesetztheiten.

Zweitens. Die Zahlen 2, 3, 4 und so fort entstehen, wie wir sahen, durch Zusammenfassung von reinen Setzungen. Jede Zahl ist eine Setzung in Form einer Zusammenfassung einer bestimmten Menge von reinem Was. Nun kann ich aber auch, indem ich auf eine Setzung A eine Setzung B folgen lasse, mein Bewußtsein darauf einstellen, daß sich die Setzung B an die Setzung A reiht. Ich erteile daher der Setzung B die Nummer 2, während die Setzung A die Nummer 1 erhält. Füge ich eine weitere Setzung C hinzu, so trägt diese die Nummer 3. Hier handelt es sich offenbar um die Aneinanderreihung der Setzungen, um das Stellenverhältnis der Setzungen zueinander. Eins bedeutet die erste, zwei die zweite, drei die dritte Stelle und so fort.

In jenem ersten Falle bezieht sich die Zahl auf die Menge [127] der in einer einzigen Setzung zusammengefaßten Gesetztheiten. Im zweiten Falle dagegen betrifft die Zahl die Reihenfolge der Setzungen. Es ist klar, daß hier von dem üblicherweise mit dem Namen Kardinal- und Ordinalzahl bezeichneten Unterschied die Rede ist. Otto Hölder stellt zur Bezeichnung dieses Unterschiedes die Zahl als „Anzahl" und die Zahl als „Stellenzeichen" einander gegenüber[83]. Beide Arten der Zahl gehen aus einer Verbindung der trennenden und zusammenfassenden Tätigkeit hervor. Die Kardinalzahlen stellen geradezu die Zusammenfassung einer Menge von Gesetztheiten zu einer Setzung dar. Bei den Ordinalzahlen tritt die zusammenfassende Tätigkeit zurück. Das Getrennthalten steht im Vordergrunde: die zweite Stelle wird von der ersten, die dritte von der zweiten getrennt gehalten. Doch ist hierbei insofern auch das Zusammenfassen beteiligt, als die zweite Stelle positiv auf die erste und so fort bezogen werden muß. Übrigens besteht der Natur der Sache nach völlige Gleichgültigkeit zwischen den Kardinal- und Ordinalzahlen. Die Zusammenfassung jeder beliebigen Menge von Gesetztheiten kann an jeder beliebigen Stelle einer Reihe stehen. Die Ordinalzahlen 1, 2, 3, 4, 5, können etwa den Kardinalzahlen 1, 4, 9, 16, 25, aber ebensosehr auch den Kardinalzahlen 10, 20, 30, 40, 50 entsprechen.

---

[82] In dieser grundlegenden Auffassung finde ich mich auf gleichem Boden mit Driesch (Ordnungslehre, 2. Aufl., S. 106).

[83] Otto Hölder, Die mathematische Methode (1924), S. 161.

Von den beiden Arten der Zahl scheint mir die Kardinalzahl die ursprüngliche Gestalt der Zahl zu sein. In der Ordinalzahl ist die Kardinalzahl bereits implizite mitgesetzt. Denn um eine Reihenstelle mit den Nummern 2, 3, 4, 5 belegen zu können, muß man bis 2, 3, 4, 5 gezählt, d. h. die entsprechenden Kardinalzahlen gebildet haben. Die Kardinalzahl ist die logisch primäre Zahl. Die Ordinalzahl ist logisch sekundärer Natur[84].

[128]   4. Jede Zahl ist ein absolut bestimmtes Ganzes, ein Absolut-Dieses. Drei bedeutet eben die Zusammenfassung dieser bestimmten Menge reiner Gesetztheiten. Und so ist selbstverständlich auch die Zahlenreihe eine Aufeinanderfolge absolut bestimmter Gebilde, absolut eindeutiger Wesenheiten. Ich glaube daher, daß die Theorie, die Natorp von der Zahl entwickelt hat, obwohl sie höchst scharfsinnig und konsequent durchgebildet ist, doch auf unhaltbarer Grundlage ruht. Denn ihm ist die Zahl ein durch und durch Relatives. Es gibt, so sagt er, keinen absoluten Begriff der Eins oder der Zwei. Die absolute Zahl sei ein provisorischer Begriff; endgültig sei nur die Zahl als ein Relatives. Und so gründet er seine Ansicht von dem Wesen der vier Rechnungsarten darauf, daß die Zahlen „sich relativieren"[85]. Natorp steht auf dem Boden einer irrigen Alternative: die Zahlen sind nicht „Dinge", auch nicht „mentale" Dinge; daher bleibe nur übrig, daß sie Relativitäten sind. Ein Gebilde, eine Wesenheit, ist, so meine ich, wenn sie auch in sich geschlossen ist, darum doch noch lange nicht ein „Ding". Auch ist daran zu erinnern, daß „Relativität" nicht mit „Relation" zu verwechseln ist. „Relation" freilich trägt jede Zahl in sich: geht sie doch aus Getrennthalten und Zusammenfassen, also aus „Beziehen" hervor. Dies hat aber mit „Relativität" nichts zu schaffen.

Hiermit ist nun auch das schlechtweg Diskrete der Zahlgebilde gegeben. Die Zwei ist schlechtweg Zwei ohne jede Annäherung an die Eins oder Drei. Die Zwei ist ein absolut Dieses. Von einem Hinüberfließen über die Grenze ist in [129] der Zwei nichts zu entdecken. Ließe sich dies darin entdecken, so wäre sie eben nicht mehr die Zwei. Die Wesenheit der Zwei ist in der Zusammenfassung von Eins „und" Eins, in der Setzung dieses Quantums restlos erschöpft. Zahlgebilde und Stetigkeit schließen sich

---

[84] Otto Hölder ist hierin zurückhaltender. Er meint nur: es empfehle sich die Arithmetik gleich mit dem „Anzahlbegriff" (d.h. mit der Kardinalzahl) zu beginnen; den Begriff des „Stellenzeichens" zu Grunde zu legen, sei umständlicher (Die mathematische Methode, S. 163).

[85] Natorp, Die logischen Grundlagen der exakten Wissenschaften (1910), S. 133, 147, 158.

schlechtweg aus. Die Vorstellung der fließenden Zeit oder einer Linienerstreckung hat mit der Zahl als Zahl rein nichts zu schaffen. Will man das Gegenteil des Stetigen in musterbildlicher Weise veranschaulichen, so liegt nichts so nahe als die Zahlen 1, 2, 3, 4 und so fort zu nennen.

5. Auch durch die Einführung der echten Bruchzahlen wird die diskrete Natur der Zahl nicht aufgehoben. Einige Worte über das Wesen der echten Bruchzahl sind hier unerläßlich.

Wir überlegen: die Zahlenreihe wurde so hergestellt, daß jede folgende Zahl durch die Hinzufügung der Setzung von Eins entstand. Wir erinnern uns weiter: jede Zahl ist ein diskretes, d.h. schlechtweg in sich geschlossenes Gebilde. Von einem Überfließen über die durch die Wesensbestimmtheit der Zwei gesetzte Grenze nach der Eins oder nach der Drei hin kann keine Rede sein. Das Quantum 2 steht für sich geschlossen da, ebenso das Quantum 3, 4 und so fort. Und zwar ist die Getrenntheit zweier aufeinanderfolgenden Zahlgebilde an jeder Stelle der Zahlenreihe die gleiche. Genauer: diese Getrenntheit kennzeichnet sich als Anwachsen um die Setzung von Eins (oder nach der entgegengesetzten Richtung hin angesehen: als Abnehmen um die Setzung von Eins).

Diese Getrenntheit kann ich nun auch durch das Wort „Zwischen" bezeichnen. Die Zahlgebilde sind durch ein Zwischen getrennt. Es besteht kein stetiges Übergehen, sondern ein Springen über ein Zwischen hinüber. Dabei hat [130] man von dem Zwischen jede Zeit- oder Raumvorstellung fernzuhalten. Es handelt sich eben um ein Zwischen von unvergleichlicher absoluter Art.

Wir überlegen weiter: dieser Sachverhalt gibt dem Denken die Möglichkeit, in das „Zwischen", in den Abstand zweier nächster Zahlgebilde eine neue Setzung eintreten zu lassen. Durch diese neue Setzung wird das Zwischen an einer absolut bestimmten, diskreten Stelle fixiert. Im einfachsten Fall wird die neue Setzung so gewählt, daß sich das durch sie Gesetzte in gleichem Abstande von den beiden nächsten Zahlgebilden befindet. Das heißt: die Setzung setzt 1 1/2, 2 1/2, 3 1/2 und so fort. Hiermit ist die Bruchzahl eingeführt.

Es braucht nicht besonders begründet zu werden, daß 1 1/2, 2 1/2 und so fort genau ebenso in sich geschlossene, diskrete Gesetztheiten sind wie 1, 2 und so fort. Ohne die Tendenz überzufließen, stehen sie außereinander da. Es steht nun selbstverständlich nichts im Wege, in das Zwischen von 1 1/2 und 2 eine neue Setzung derart eintreten zu lassen, daß das durch sie Gesetzte wiederum das Zwischen in zwei gleiche Zwischen teilt. Und ebenso leuchtet ein, daß dieses den Abstand halbierende Setzen beliebig fortgesetzt werden kann, ohne je auf ein Hemmnis zu stoßen. Und wenn ich trillionenmal die halbierende Setzung vorgenommen habe, kann ich das halbierende Setzen ohne jede Schwierigkeit weiter und immer weiter neue Gesetztheiten erzeugen lassen. Zugleich leuchtet ein, daß an dem diskreten Charakter dieser Bruchsetzungen nirgends im Verlauf des Halbierens das Mindeste geändert wird. Und ist die Halbierung zentillionenmal vorgenommen, so ist der Charakter der Reihe von aller Stetigkeit prinzipiell genau ebenso weit entfernt wie bei der ersten Halbierung. Man muß sich dabei nur immer vor [131] Augen halten, daß die Abstände, die „Zwischen" weder zeitlicher, noch räumlicher Art sind. Nur bei Einmischung zeitlicher oder räumlicher Vorstellungen[86] könnte der Schein entstehen, als wäre es möglich, die Zahlquanta ins Gleiten und Fließen zu bringen, während sie doch, und mögen sie einander noch so angenähert sein, immer eine springende Reihe bilden. Eine prinzipielle Annäherung des Springens an das Gleiten gibt es nicht. Springen bleibt Springen, und Gleiten bleibt Gleiten. Und sei der Abstand noch so winzig: das Diskrete ist genau ebenso unüberwunden wie dort, wo eine unermeßliche Kluft gähnt.

Bisher habe ich von den Brüchen immer nur in Verbindung mit ganzen Zahlen gesprochen. Soll von der Setzung 1/2, 1/4, 3/4 und so fort die Rede sein, so muß zuvor der Begriff „Null" eingeführt werden.

Unter Null ist die Setzung des Aufgehobenseins der Zahlsetzung zu verstehen. Ich erzeuge die Setzung: „Zahl" ist verschwunden, oder „Zahl" ist noch nicht da; allgemein: „Zahl" ist nicht vorhanden. Es ist nichts da, was gezählt werden könnte. So setze ich das Nichtvorhandensein jeglichen Zahlenquantums.

Ist so die Setzung „Null" eingeführt, dann steht nichts im Wege, ein „Zwischen", das vom Nullpunkte bis zur Setzung von Eins reicht, anzu-

---

[86] Freilich sind die Ausdrücke „Zwischen", „Abstand" vom Räumlichen und Zeitlichen hergenommen. Doch kommt es eben darauf an, diese Herkunft in unserem Denken zu tilgen, wenn wir diese Ausdrücke von den Zahlgebilden gebrauchen. Sie bedeuten für uns dann lediglich dasjenige, was von ihrem Sinn übrig bleibt, nachdem wir alles Räumliche und Zeitliche entfernt haben.

nehmen. Selbstverständlich läßt sich in dieses Zwischen mit halbierendem und immer weiter halbierendem Setzen eingreifen. So entstehen die reinen Brüche 1/2, 1/4 und so fort.

[132] 6. Diese ganze Beschäftigung mit dem Zahlbegriff hat in dem vorliegenden Zusammenhang nur den Zweck, die Unmöglichkeit klarzulegen, aus dem Zahlbegriff das Wesen der Stetigkeit zu schöpfen, von der Zahlwissenschaft aus das Problem der Stetigkeit zu lösen. Wenn die Zahl in einer zeit- und raumlosen Gesetztheit besteht, kommt man, und mögen noch so scharfsinnige Kunstgriffe angewandt werden, über den Typus des Diskreten nicht hinaus. Aus der Natur des Diskreten heraus kann das Wesen des Stetigen nicht entspringen[87]. Mit Mitteln, die aus dem Wesen der Zahl geschöpft sind, läßt sich der Begriff des Stetigen nicht gedankenmäßig verwirklichen. Beispielsweise der Bruch 1/3 ist die „Grenze", der sich die Dezimalbrüche 0,3, 0,33, 0,333 und so fort ohne Ende nähern. Aber auch wenn ich zentillionen Male 3 hintereinander schriebe, so wäre doch immer noch ein Abstand da, über den nur ein Sprung hinüberhelfen könnte. Oder: der Kreis ist die „Grenze", der sich die Umfänge des regelmäßigen Polygons mehr und mehr annähern. Man kann sich nun die Seiten des Polygons beliebig verkleinert vorstellen. Allein so weit man auch die Verkleinerung getrieben haben mag, schließlich wird doch ein Sprung gemacht, indem man die Länge der Seiten in Null überspringen läßt.

Hiermit ist keineswegs in Abrede gestellt, daß von der Zahl der Gedanke des Stetigen dringend nahegelegt werde, das Wesen der Zahlreihe auf das Problem des Stetigen hinweise, die Zahlwissenschaft sich vor die Aufgabe gestellt sehe, sich des Stetigkeitsbegriffs zu bemächtigen. Die ganze höhere Mathematik beruht ja auf der Einführung des Ste-[133]tigkeitsbegriffs. Er ist in den Händen der höheren Mathematik zu einem Werkzeuge geworden, das in seiner Leistungsfähigkeit kaum überschätzt werden kann.

Da erhebt sich denn die Frage: was ist es denn für ein logisches Gebilde, mit dem die höhere Mathematik arbeitet, wenn sie Begriffe einführt, in denen das Moment der Stetigkeit enthalten ist? Solche Begriffe sind die irrationale Zahl und das Infinitesimale.

---

[87] Natorp, Die logischen Grundlagen der exakten Wissenschaften, S. 181: „Durch keine Kunst läßt sich aus Rationalem Irrationales, aus Diskretem Stetiges machen."

Soviel ich einsehe, liegt hier folgender logischer Sachverhalt vor. Die Zahlwissenschaft kann mit ihren Mitteln auf den Begriff des Stetigen als auf eine Aufgabe hindeuten. Aber keinesfalls läßt sich der Begriff des Stetigen durch Begriffe der Zahlwissenschaft verwirklichen, denkend vollziehen. Er ist und bleibt ein zahlbegrifflich Unausdenkbares, Unlösbares. Denn das Wesen der Zahl ist nun einmal das Diskrete. Und es ist Selbsttäuschung, wenn man meint, daß durch das Irrationale und das Infinitesimale das Gebilde des Stetigen erzeugt werden könne. Mit der hier vertretenen Auffassung wird der Exaktheit des Stetigkeitsbegriffs in der Mathematik nicht das Mindeste genommen. Aber es ist eine Exaktheit der Aufgabe für das Denken, nicht eine Exaktheit verwirklichter Denkgebilde.

7. Dedekind beispielshalber glaubt durch Einführung der Vorstellung des „Schnittes" aus der Reihe der rationalen Zahlen die irrationalen erzeugen und hiermit die Stetigkeit des Zahlsystems gewinnen zu können[88]. Soviel ich verstehe, kommt Dedekind über eine beliebig zu vermehrende Zahl von außereinanderliegenden, diskreten Schnittpunkten nicht hinaus. Der Schein der Stetigkeit entsteht dadurch, daß er die Vorstellung der geraden Linie einfließen läßt, die ja [134] freilich Stetigkeit mit sich führt. Entweder der Schnitt geschieht in der von jeder Raum- und Zeitstetigkeit gereinigten Zahlenreihe. Ist alle Raum- und Zeitstetigkeit ausgemerzt und so die Zahlenreihe absolut unstetig geworden, bringt es diese Reihe trotz beliebig vieler sich einschiebenden „Zwischen" und „Schnitte" unmöglich zu einem lückenlosen Fließen. Oder es wird die räumliche oder zeitliche Erstreckung schon unbemerkt vorausgesetzt. Bei solcher Einschmuggelung hört der „Schnittpunkt" auf, ein „Punkt" zu sein, und wird in sich selbst von fließender Breite.

Eine bewundernswerte Gedankenarbeit hat Natorp an die Klärung und Lösung des Problems gewandt, die Zahl in ein Stetiges überzuführen. Doch auch ihm ist es, soviel ich urteilen kann, nicht gelungen, das Springende zum Gleiten zu bringen. Die „Zahl selbst" soll zu einem Gebilde werden, „das stetig, d. h. von irgendeinem gegebenen Betrag zu irgendeinem anderen durch alle Zwischenwerte hindurch veränderlich gedacht wird". Hiermit ist, so scheint mir, das Postulat der Stetigkeit, angewandt auf die Zahl, zu treffendem Ausdruck gebracht; aber es bleibt ein Rätsel, wie es geschehen solle, daß, ohne die Linie oder die zeitliche Erstreckung zu Hilfe zu

---

[88] Richard Dedekind, Stetigkeit und irrationale Zahlen. 3. Aufl., 1905, S. 7ff.

ziehen, aus dem beliebig kleinen Zwischen ein unterbrechungsloses Gleiten werde. Natorp hat nun zwar einen Begriff bei der Hand, der, wie er nachdrücklich betont, das Rätsel zu lösen im Stande sei. Es ist der Begriff der „qualitativen Allheit". Die qualitative Allheit, so schärft er ein, liegt der quantitativen logisch voraus und macht sie erst möglich. Ich gestehe, daß mir die Zahl als qualitative Allheit etwas Dunkles ist. Und so vermag ich erst recht nicht einzusehen, was die qualitative Allheit mit der Stetigkeit zu tun haben solle. [135] Auch der Begriff des Gesetzes, den Natorp heranzieht (er redet von der „qualitativen Allheit des Gesetzes"), verschafft mir kein Licht. Eine an sich diskrete Reihenfolge kann nicht durch ein Gesetz in ein stetiges Gebilde umgewandelt werden; — es sei denn, daß aus den unstetigen Gliedern der Reihe der Fluß der Stetigkeit als ein schlechtweg Neues hervorbricht[89].

Die Auseinandersetzungen, die Driesch dem Stetigen widmet, bewegen sich, soviel ich sehe, insofern in derselben Richtung wie meine Betrachtungen, als auch sie den Begriff des Stetigen als einen innerhalb der reinen Zahlenlehre unvollziehbaren Begriff ansehen. Driesch bestimmt den Begriff des Stetigen so: „Soviel Zahlen beider Arten (nämlich der gebrochenen und der irrationalen) wir auch zwischen zwei rationalen Zahlen haben, es gibt da immer noch mehr Zahlen, es gibt nirgends keine Zahl und doch soll jede Zahl diese Zahl sein." Dazu gibt er die Erläuterung: die Worte „nirgends keine" seien äußerst dunkel; ihr Sinn lasse sich „gar nicht fassen"; es sei denn daß wir so etwas wie Stetigkeit bildlich bereits voraussetzen. Er nennt daher das Stetige einen „unbestimmten" Begriff. Und geradezu sagt er, daß „alle eigentlich arithmetischen Versuche, Stetigkeit unmittelbar zu fassen, so etwas wie Stetigkeit fordernd voraussetzen, ohne aber anderseits in denkmäßiger Schärfe setzen zu können, was eigentlich sie voraussetzen." Trotz aller Versuche, das Stetige zu „meistern", kommt die Zahlwissenschaft nicht weiter als zu sagen: das Stetige sei „das Zwischen, welches kein Zwischen sein soll"; es sei also eine „Un-Setzung". Was mich von Driesch trennt, ist vor allem dies, daß er die Stetigkeit [136] des „Erlebnisstromes" leugnet; da es nach seiner Auffassung einen Erlebnisstrom „gar nicht gibt". Und da auch der Raum von sich aus nichts Stetiges ist, sondern nur an dem von der Zahl aus gewonnenen, das Denken freilich „nicht ganz befriedigenden" Stetigkeitsbegriff teil hat, so besteht bei Driesch das Stetige für unser

---

[89] Natorp, Die logischen Grundlagen der exakten Wissenschaften, S. 188f., 193, 203, 205, 214f.

Bewußtsein überhaupt nur als unvollziehbarer Begriff[90]. Nach meiner Auffassung dagegen bin ich durch unmittelbares Erleben in intimem Vollbesitz der Stetigkeit.

So komme ich also zu dem Ergebnis, daß die Zahlwissenschaft nur diskrete Begriffe wirklich denkt, dagegen der Begriff des Stetigen für sie nur als eine logische Forderung besteht. Mit dieser Forderung kann die Zahlwissenschaft arbeiten und Probleme lösen, aber sie vermag diese Forderung nicht denkend zu verwirklichen.

8. Hiermit stehe ich am Ende der „phänomenologischen" Analyse der Zeit. Da legt es sich vielleicht dem Leser nahe, der Verwunderung darüber Ausdruck zu geben, daß die Untersuchung nirgends in das Geleise der „Relativität" der Zeit im Sinne von Einstein eingebogen ist. Tritt doch wohl den Meisten, wenn heute das Problem der Zeit erwähnt wird, der Name Einstein in ihren Vorstellungskreis. Von Unzähligen wird Einsteins Relativitätstheorie als eine Geistestat allerersten Ranges gepriesen: diese Theorie bedeute eine Umwälzung der Weltanschauung, die nur mit der an des Kopernikus Namen geknüpften Revolution zu vergleichen sei. Wie kommt es, daß ich nur wenige Male abwehrend einen Seitenblick auf die „Relativitätstheorie" geworfen habe, nirgends aber in ihre Probleme einzugehen Veranlassung fand?

Die „Relativitätstheorie" beschäftigt sich nicht mit der [137] reinen Zeitgegebenheit, sondern sie nimmt ihren Ausgang von bestimmter physikalischer Grundlage. Es ist für sie selbstverständliche Voraussetzung, daß es einen von meinem Bewußtsein unabhängigen Weltraum gibt, daß die Erde als ein bewußtseinsunabhängiges Etwas sich um die bewußtseinsunabhängige Sonne bewegt; im besonderen aber, daß das Licht als ein bewußtseinsunabhängiges Etwas existiert, das sich mit bestimmter Geschwindigkeit fortpflanzt. Auf dieser Grundlage ergeben sich die Schwierigkeiten und Probleme, mit denen es die „Relativitätstheorie" zu tun hat. Unmöglich also stößt die Beschreibung und Zergliederung der Zeitgegebenheit auf die Fragen der Einsteinschen Lehre. Die Phänomenologie der Zeit fällt vor alle Physik und damit auch vor alle „Relativitätstheorie". Die phänomenologischen Feststellungen über die Zeit stehen unaufhebbar da, zu welchen Ergebnissen auch

---

[90] Driesch, Ordnungslehre, 2. Aufl. (1923), S. 113ff., 122f.

immer der Relativitätstheoretiker und überhaupt der Physiker kommen mögen[91].

Übrigens werden wohl die Kritiker Recht haben, die der Lehre Einsteins alle Seinsbedeutung, alles Weltanschauliche absprechen. Driesch sieht das Verdienst dieser Lehre lediglich darin, daß durch sie in wichtiger Hinsicht die Beschränktheit menschlicher Forschungsmittel festgestellt, gewisse praktische Unbestimmbarkeiten nachgewiesen wurden. Einstein aber mache aus Scheinbarkeitsaussagen Seinsaussagen. Er vergesse, daß aus menschlichen Beschränktheiten nie Weltwesentlichkeiten werden können[92]. Ähnlich [138] urteilt Gawronsky: nicht um das Wesen der Zeit handle es sich in der Theorie Einsteins, sondern um Relativitäten, auf die der Mensch beim Messen der Zeit stößt. Und zwar sei die Abhängigkeit des Zeitmessens von der Bewegung des Lichtes die Wurzel, aus der für das Zeitmessen diejenigen Schwierigkeiten entspringen, die Einstein ins physikalische Sein umdeute, statt in ihnen bloß eine Relativierung des Messens zu sehen[93]. Und so handelt es sich dann auch in der Relativitätstheorie nicht, wie Einstein und seine Anhänger[94] behaupten, um die Relativierung der Gleichzeitigkeit als solcher, sondern lediglich um die Relativität, die dem Messen der Gleichzeitigkeit anhaftet. Hierauf habe ich schon im zehnten Kapitel hingewiesen.

---

[91] Ernst Cassirer, Zur Einsteinschen Relativitätstheorie (1921), S. 75: die Relativitätstheorie sei eine physikalische, keine unmittelbar ins Erkenntniskritische umdeutbare Theorie; sie enthalte keinen einzigen Begriff, der nicht aus den Denkmitteln der Mathematik und Physik ableitbar und in ihnen vollständig darstellbar wäre.

[92] Hans Driesch, Relativitätstheorie und Philosophie (1924), S. 16f., 22ff.

[93] Dr. D. Gawronsky, Die Relativitätstheorie Einsteins im Lichte der Philosophie (1924), S. 24ff. Der Verfasser zeigt in zwingender Weise, daß Einstein seine eigene Lehre mißversteht, wenn er, statt nur von Messungen zu sprechen, die Sache so wendet, als ob „es sich um eine physikalische Änderung in der Ganggeschwindigkeit einer Uhr und um eine physikalische Änderung der Stablänge handelte" (S. 29).

[94] So bei Ernst Cassirer a. a. O. S. 34. Übrigens geht gerade aus der streng durchdachten und lichtvollen Darstellung, die der sich ganz zu Einstein bekennende Verfasser von dem Sinn

[139] ZWEITER TEIL – METAPHYSIK DER ZEIT

[141] XVII. DAS ZEITLICHE GEPRÄGE DER TRANSSUBJEKTIVEN „NATUR"

1. Indem ich mich zu einigen metaphysischen Betrachtungen über die Zeit wende, drängt sich vor allem die Frage auf, ob das dem Sinnlich-Wahrgenommenen entsprechende Transsubjektive als zeitlich verlaufend angesehen werden müsse. Gilt zeitliches Nacheinander, zeitliches Zugleich, zeitliche Ordnung auch von dem transsubjektiven Bereich, das dem uns als Sinnenwelt Gegebenen zu Grunde liegt? Die Physiker und Chemiker pflegen, wenn sie von Molekülen, Atomen, Elektronen reden, als selbstverständlich anzunehmen, daß sich an diesen bewußtseinsunabhängigen, transsubjektiven Existenzen ein zeitliches Geschehen vollzieht. Und dem Laien fällt erst recht nicht ein, hieran zu zweifeln. Es fragt sich: besteht diese Annahme zu Recht? Welche Gründe lassen sich für sie anführen? Oder steht Kant mit seinem Phänomenalismus auf Seite des Wahren? Gemäß seinem Phänomenalismus kann es so Etwas wie eine raumzeitliche bewußtseinsunabhängige Körperwelt nicht geben. Zwar redet er von den uns „affizierenden" Dingen an sich. Was aber auch dabei in den Dingen an sich vorgehen mag: keinesfalls kann es räumlicher oder zeitlicher Art sein. Denn da Raum und Zeit apriorische Anschauungsformen sind, so sei damit unmittelbar die Unmöglichkeit gegeben, daß sie irgendwie einem bewußtseinsunabhängigen Sein zukommen können[95]. Ebensowenig ist bei Hume und [142] bei Berkeley den Sinneswahrnehmungen eine außerhalb unseres Ich befindliche zeitliche Natur untergebaut.

2. Um hierüber ins Klare zu kommen, wird es gut sein, zuerst sich deutlich zu machen, was damit gesagt wäre, wenn dem Sinnlich-Wahrgenommenen ein Transsubjektives unzeitlicher Art entsprechen sollte. Man muß versuchen, sich ernsthaft in eine Natur (wenn dieses Wort dann noch gestattet ist) hineinzuversetzen, die dem, was wir als körperliche Veränderungen wahrnehmen, genau entspricht und doch mit zeitlichem Nach-

---

und Geist der Relativitätstheorie gibt, unwillkürlich hervor, daß in dieser Theorie die Relativität des Messens in eine Relativität des Seins hinübergleitet.

[95] Dieser Scheingrund wirkt auch heute noch nach. So sagt Frischeisen-Köhler (Wissenschaft und Wirklichkeit, S. 225): „Was aber die Zeit erfüllt, wird, da die Zeit eine Ordnungsform von Bewußtseinsinhalten ist, dadurch als Teil der Bewußtseinswelt bestimmt."

einander, zeitlichem Zugleichsein, zeitlicher Stetigkeit, zeitlicher Erstreckung schlechtweg nichts zu schaffen hat.

Das Sinnlich-Wahrgenommene zeigt uns etwa die Aufeinanderfolge von Reibung und Wärme, von überspringendem Funken und Explosion, von einsetzendem Ostwind und Aufklärung. Was ist das in dem zu Grunde liegenden unzeitlichen Bereich Entsprechende? Man wird zunächst wahrscheinlich sagen, daß in diesem Bereich ein jenem zeitlichen Geschehen genau zugeordnetes unzeitliches Geschehen, ein unzeitliches Anderswerden angenommen werden müsse. Allein damit sind offenbar Wörter gepaart, die einander ihrem Sinne nach aufheben. Ein Geschehen, ein Vorgang, ein Anderswerden, das mit Zeit nichts zu schaffen hätte, ist nicht nur für unser Vorstellen, sondern auch für unser Denken ein schlechtweg undurchdringliches Geheimnis. Hiermit ist für mich nicht gesagt, daß jene Annahme hierdurch ihre Widerlegung gefunden habe. Denn vielleicht gibt es ein derartiges Mysterium. Vielleicht gibt es eine absolute Intelligenz, für die das, was für uns undurchdringliches Geheimnis ist, durchschaubar wäre. Allein keinesfalls würde es dann so Etwas wie Physik, Chemie, überhaupt Naturwissenschaft geben können. Es hätte dann keinen Sinn, die [143] qualitativen Zustände und Veränderungen der Körperwelt auf Bewegungsvorgänge zurückzuführen. Es gäbe dann nur die unmittelbar gesehenen Bewegungen ohne die an ihre Stelle von der Naturwissenschaft gesetzten.

Vielleicht könnte man, um nicht in ein absolutes Mysterium zu geraten, zu der Vorstellung greifen, daß in der unzeitlichen „Natur" nicht ein Geschehen den zeitlichen Veränderungen in der sinnlichen Gegebenheit entspreche, sondern ein Zusammenhang zwischen Koexistenzen. Die koexistierenden Zusammenhänge in der unzeitlichen transsubjektiven Natur müßten dann von aller Ewigkeit her derartige Angelegtheiten in sich schließen, daß ihnen der zeitliche Ablauf von Veränderungen im Sinnlich-Wahrgenommenen entspräche. Dieser zeitliche Ablauf wäre die Auseinanderziehung der zeitlosen Koexistenz ins Zeitliche. Allein abgesehen von allem Andern wäre hiermit schon darum nicht geholfen, weil mit der Beseitigung der Zeit auch das Zugleichsein, die Koexistenz beseitigt wäre. Es könnte also in einer unzeitlichen „Natur" auch kein Koexistierendes und so auch keine Zusammenhänge zwischen Koexistierendem geben.

Es müßte also, so könnte man weiter sagen, das Koexistierende so gefaßt werden, daß aus der Koexistenz das Zugleich ausgemerzt würde und so nur das rein-sachliche Zusammen übrig bliebe. Hiermit wäre man bei den rein-logischen Zusammenhängen angelangt. In der Tat: das Logische ist eine Sphäre, in der es Anderswerden, Aufeinanderfolgen, ja Entwicklung gibt, ohne daß doch Zeitlichkeit vorläge. Man denke an den Aufbau der Kategorienlehre in Platons Parmenides, bei Fichte, Hegel, Hartmann, Natorp, Rickert, Driesch. Welche Fülle von zeitlos-begrifflichem Vorher und Nachher, von logischen Entfal-[144]tungen und Umformungen, von Verkettungen, Verwicklungen und Lösungen! Hier handelt es sich in der Tat um eine Sphäre, in der ein zeitloses, rein sachliches Vorher und Nachher herrscht. Die reinen Sachverhalte sind es, die sich hier gliedern, verwickeln, entwirren, einem Ziele zustreben, sich in Stufen entfalten, Höhepunkte erreichen. Man könnte also meinen: den zeitlichen Verläufen in dem Sinnlich-Wahrgenommenen entspreche eine im logischen Ineinander existierende Welt.

Allein auch hiermit ist nicht geholfen. Denn das hier und jetzt Geschehende durch logische Zusammenhänge verständlich machen zu wollen, wäre eine Ungeheuerlichkeit. Wie weit man auch die logische oder denknotwendige Verknüpfung fassen möge: keinesfalls darf man sagen: es sei logisch notwendig, daß dieser Regentropfen jetzt auf dieses Blatt fällt; oder daß ich an dieser Straßenecke zu dieser Minute dem Herrn N. N. begegne. Die logische Notwendigkeit vollzieht sich in der Sphäre des Begrifflichen, des Allgemeinen, Gesetzlichen, nicht aber in den Beziehungen des Einzelnen zu einander. Allgemeine Wesenheiten wie Kausalität und Substanz, Kausalität und Zweckgesetzlichkeit, Endlich und Unendlich, Einheit und Geteiltheit hängen logisch-notwendig zusammen. Dagegen gilt der vom Dach herabfallende Ziegelstein mit Recht als allerstärkster, brutalster Ausdruck für die nicht-logische Notwendigkeit.

3. Mißverständnisse liegen hier freilich nahe. Man könnte etwa einwenden: beständig schließe man doch von irgendeiner Einzelheit auf eine andere Einzelheit; also sei hiermit doch das Bestehen eines logischen Zusammenhanges zwischen beiden Einzelheiten angenommen. Es werde beispielsweise von der Wahrnehmung der naßgewordenen Straße geschlossen, daß es soeben geregnet habe, oder von der Wahr-[145]nehmung des gestiegenen Quecksilbers im Thermometer, daß es draußen wärmer geworden sei. Hier handelt es sich indessen offenbar um einen Zusammenhang zwischen zwei Urteilen: von dem einen Urteil wird auf ein anderes Urteil geschlossen. Die Urteile aber gehören als Urteile der Sphäre des Begrifflichen an. Sodann aber ist der Sinn der Denknotwendigkeit, vermöge deren ich beide Urteile

verknüpfe, nicht etwa der, daß die beiden Einzelheiten als solche vermöge einer bestimmten logischen Gesetzmäßigkeit zueinander gehören. Ich meine mit der denknotwendigen Verknüpfung der Urteile nicht, daß das Naßwerden der Straße oder das Steigen des Thermometers durch eine logische Potenz eingetreten sei. Vielmehr ist gemeint, daß der Einzelvorgang auf Grund einer individualisierten Naturgesetzlichkeit erfolgt sei. Die Denknotwendigkeit ist nur die dem Erkennen einzig zu Gebote stehende Art und Weise, den Tatsachen der Erfahrung beizukommen, erkennend in sie einzudringen. Es kann also keine Rede davon sein, daß es möglich sei, wahrgenommene Einzelvorgänge in ihrem hic et nunc auf logische Zusammenhänge zurückzuführen und aus ihnen zu erklären.

Betrachte ich freilich die Dinge in ihrer letzten Tiefe, so muß eine gewisse Einschränkung gemacht werden. Vielleicht hat Hegel Recht, wenn er das Absolute in einen Inbegriff logischer Wesenheiten setzt. Auf diesem Standpunkt ist allerdings Alles in der Welt Selbstentfaltung des ewigen Logos, also durch logische Notwendigkeit gesetzt. Auch die Einzelheiten als Einzelheiten wären dann notwendige Oberflächenerscheinungen dessen, was in der absoluten logischen Idee als zeitloses Ineinander eingeschlossen liegt. Indessen ist klar, daß es sich hierbei nur um eine allerletzte metaphysische Perspektive handelt. Es könnte bei jedem Einzel-[146]vorgang in der Körperwelt immer nur dasselbe wiederholt werden: „in letzter Tiefe wurzelt er im zeitlosen absoluten Logos." Auch auf dem Boden dieser Metaphysik wäre es völlig unmöglich, einen bestimmten Einzelvorgang aus einem bestimmten logischen Zusammenhang zu erklären oder auf ihn zurückzuführen. Einen den wahrgenommenen Einzelvorgängen zugeordneten Bereich, den man „Natur" nennen dürfte, gäbe es nicht. Hinter den Einzelvorgängen, die wir als körperlich wahrnehmen, läge einzig die metaphysische Tiefe des absoluten Logos.

Lehrreich ist hier das Verhalten Hegels in seiner Naturphilosophie. Dieser Philosoph der absoluten logischen Idee läßt es nicht dabei bewenden, daß die sinnliche Erscheinungswelt in dem raum- und zeitlosen Ineinander der die logische Idee bildenden Kategorien ihr metaphysisches Dahinter habe. Vielmehr ordnet er die sinnliche Erscheinungswelt einer besonderen Stufe in der Selbstentwicklung der absoluten logischen Idee zu. Die „Idee in der Form des Andersseins": dies ist der nächste metaphysische Hintergrund der Naturerscheinungen. Die Idee in ihrem Anderssein aber existiert in den Formen des Raumes und der Zeit. Den Naturerscheinungen liegt das „Außersichsein der Idee" zu Grunde. Die beiden ersten Formen dieses Außersichseins aber sind Raum und Zeit. So läßt also Hegel die Idee selbst in die Formen des Räumlichen und Zeitlichen übergehen. Den Naturvorgängen liegt ein metaphysisches Ansich von räumlichem und zeitlichem Gepräge zu Grunde. In meiner Ausdrucksweise: es gibt bei Hegel einen transsubjektiven Raum und eine transsubjektive Zeit. Wenn irgendwo, so könnte man bei Hegel, diesem reinsten Vertreter des absoluten Logos als eines Ineinander zeitloser begrifflicher Wesenheiten, erwarten, daß er den Naturgestalten und Natur-[147]vorgängen zeitlose logische Gebilde werde entsprechen lassen. Statt dessen ordnet er die physikalischen Erscheinungen räumlichen und zeitlichen Ausgestaltungen der sich auf der Stufe des Außersichseins befindenden Idee zu. Soll begreiflich werden, daß es ein hic et nunc der Naturvorgänge gibt, so muß eine transsubjektive Räumlichkeit und Zeitlichkeit angenommen werden[96].

Es bleibt also dabei, daß, wenn in der Tat das den Veränderungen des Sinnlich-Wahrgenommenen entsprechende X unzeitlich sein sollte, uns jedwede Möglichkeit versagt wäre, uns einen Gedanken darüber zu bilden, was in jenem die Stelle der „Natur" einnehmenden X den als körperlich wahrgenommenen Veränderungen zu Grunde liege. Gänzlicher Wissensverzicht in dieser Hinsicht wäre sonach die unvermeidliche Folge.

4. Auf der anderen Seite ist zu erwägen: stellen wir uns auf den Boden der gewöhnlichen Annahme, daß den Veränderungen, die das Sinnlich-Wahrgenommene aufweist, zeitliche Veränderungen im Transsubjektiven parallel laufen, so bleiben wir in der Sphäre des Denkbaren. In dem Falle, daß beide Reihen: die Veränderungen im Sinnlich-Wahrgenommenen und die Vorgänge in der transsubjektiven „Natur" zeitlich verfließen, verliert unser Denken nicht den festen Grund unter sich, wenn es der Veränderung im Transsubjektiven beikommen will. Gewisse Vorgänge in [148] der transsubjektiven Natur „affizieren" (wie sich Kant ausdrückt) unsere Sinnlichkeit; und gewisse Vorgänge in unserem Bewußtsein — die Willensakte — bringen, indem sie Veränderungen im Sinnlich-Wahrgenommenen herbeiführen,

---

[96] Die Gedanken, die Hegel in der „Enzyklopädie" (§254ff.) über Raum und Zeit entwickelt, stellen, wie dies überhaupt für seine „Naturphilosophie" charakteristisch ist, eine seltsame Mischung von Erkenntnisfaktoren dar. Phänomenologische Versenkung in die unmittelbare Anschauung blickt und blitzt allenthalben durch. Hiermit verquickt sich begriffsdialektische Verarbeitung. Diese selbst aber ist wiederum von einer schwer nachzuerlebenden Begriffsschau, für welche dunkle Analogien maßgebend sind, durchwoben.

eben damit Veränderungen in der transsubjektiven Natur hervor. Mögen sich beim Durchdenken dieser Wechselwirkung noch so viele und noch so große Schwierigkeiten in den Weg stellen: jedenfalls bewegen wir uns doch im Bereiche des Denk- und Vorstellbaren, während wir bei der Annahme des unzeitlichen Charakters der transsubjektiven Natur sofort ins absolut Unvorstellbare, ins Namenlose, ins gänzlich Pfadlose geraten. Verlaufen die Vorgänge in der transsubjektiven Natur zeitlich, so kann unser Denken seine Arbeit fortsetzen. Sind sie dagegen über die Zeitsphäre hinausgerückt, so sieht sich unser Denken zu völligem Stillstand verurteilt.

5. Besteht diese methodische Sachlage für die Untersuchung der Frage von der transsubjektiven Zeit, so hat man meines Erachtens folgende Entscheidung zu treffen. Man hat sich zunächst und bis auf weiteres auf den Boden der uns Allen nächstliegenden und wie selbstverständlichen Ansicht zu stellen. Denn diese Ansicht läßt uns bei Behandlung jenes Problems im Bereiche des Vorstellbaren und Denkbaren, während es bei der entgegengesetzten Ansicht unserem Denken schlechtweg an Begriffen fehlt, durch die sich dem Problem beikommen ließe.

Nur unter dem Gewicht schwerwiegender Gründe könnte die Nötigung entstehen, von der Ansicht abzugehen, daß den Veränderungen des Sinnlich-Gegebenen transsubjektive Veränderungen entsprechen. Von den Naturwissenschaften kann eine solche Nötigung unmöglich ausgehen. Denn es würde ja geradezu eine Vernichtung des Gegenstandes der Natur-[149]wissenschaft bedeuten, wenn an die Stelle von zeitlich verlaufenden Naturvorgängen ein schlechtweg unzeitliches, dem Nacheinander wie auch dem Zugleichsein entrücktes X träte. Schwerwiegende Gründe zum Preisgeben jener Grundannahme könnten dagegen von der Metaphysik entgegengehalten werden. Und in der Tat werden wir sehen, daß die Metaphysik jener üblichen Ansicht Schwierigkeiten in den Weg stellt. Zugleich aber wird sich zeigen, daß sich diese Schwierigkeiten beseitigen lassen, ohne daß man die Annahme des zeitlichen Verlaufes dessen, was in der transsubjektiven Natur den Veränderungen des Sinnlich-Gegebenen entspricht, aufzugeben brauchte.

6. Nimmt man es ernsthaft damit, daß es eine transsubjektive Zeit gibt, so muß man sich gegenwärtig halten, daß ihr dasselbe Wesensgefüge gegeben werden muß, das die erlebte Zeit kennzeichnet. Man darf also nicht etwa meinen: es sei möglich, daß die transsubjektive Zeit diskret, unstetig verlaufe, sich nicht im Nacheinander bewege; oder daß sie der Umspan-

nungsweite, des Zugleich-in-sich-Fassens entbehre; oder daß irgendeine uns unbekannte „Dimension", die an der erlebten Zeit nicht zu finden sei, zum Wesensgefüge der transsubjektiven Zeit gehöre. Hier gibt es nur ein einfaches Entweder-Oder: entweder hat die transsubjektive Zeit dasselbe Wesensgefüge wie die von uns erlebte Zeit, dann führt sie mit Recht den Namen „Zeit"; oder das der erlebten Zeit transsubjektiv Entsprechende weist ein anderes Wesensgefüge auf als die Zeitgegebenheit; dann hat es keinen Sinn, dieses Gebilde überhaupt noch „Zeit" zu nennen. Wollte man etwa in die Zeit eine neue Dimension einführen, oder wollte man die Zeit in ein Gebilde von ganz anderen Dimensionen hineinpressen (wie dies der Fall ist, wenn man die Zeit zur vierten Dimension des Raumes [150] macht)[97], so wäre eben das, was uns einzig als Zeit bekannt ist, von Grund aus verschwunden und etwas gänzlich Anderes und zudem völlig Unvorstellbares an seine Stelle getreten. Ich kann das Wesensgefüge des Tones zur Verdeutlichung heranziehen. Wenn man an dem Ton die Qualität von Höhe und Tiefe oder den Stärkeunterschied von Laut und Leise tilgen wollte, so wäre damit das, was den Namen „Ton" zu führen berechtigt wäre, absolut aufgehoben. Man hätte es dann mit einem gänzlich andersartigen, schlechtweg unvorstellbaren, für das Denken unanfaßbaren Etwas zu tun. Ich lasse es

---

[97] Wenn beispielsweise Minkowski und Einstein von der „vierdimensionalen Welt in zeiträumlichem Sinne" sprechen, so hat dies nicht den harmlosen Sinn, daß zu dem dreidimensionalen Raum das eigentümliche Gebilde der Zeit mit ihrer Eindimensionalität hinzutritt. Sondern die „spezielle Relativitätstheorie" meint damit, daß die Zeit aufgehört hat, gegenüber den räumlichen Koordinaten eine „selbständige Rolle" zu spielen, wie dies in der „vor-relativistischen Physik" der Fall war. Es sei falsch, die Zeit als ein eigenartiges, „selbständiges Kontinuum" zu behandeln. Vielmehr bestehe „die weitgehendste Verwandtschaft" zwischen dem vierdimensionalen zeiträumlichen Kontinuum und dem dreidimensionalen Kontinuum des Euklidischen geometrischen Raumes (Einstein, Über die spezielle und die allgemeine Relativitätstheorie (gemeinverständlich), 14. Aufl., S. 37f., 63). Der Zeit ist demgemäß ihre Eigenart gegenüber dem Raum genommen; sie ist dem Raum irgendwie angeglichen. Damit ist sie aber Etwas geworden, was mit der uns einzig als Zeit bekannten Gegebenheit rein nichts zu schaffen hat. In noch höherem Maße ist dies der Fall, wenn wir uns weiterhin darüber belehren lassen, daß vom Standpunkte der allgemeinen Relativitätstheorie aus das raumzeitliche Kontinuum nicht als ein Euklidisches Kontinuum aufgefaßt werden kann (S. 63ff.). In diesem Falle ist nicht nur aus der Zeit, sondern auch aus dem Raume etwas durch und durch unvergleichlich Anderes geworden, das als Zeit und Raum zu bezeichnen mindestens ein sprachlicher Unfug ist. Recht bezeichnend ist es, daß Einstein es für möglich hält, daß unsere Welt nur ganz wenig von einer Euklidischen abwiche, etwa so wie „die durch schwache Wellen gekräuselte Oberfläche eines Sees" von einer Ebene abweicht (S. 77). Dies ist genau so absurd, als wenn ich sagen wollte: es sei möglich, daß eine Farbe nur ganz wenig zu einem Ton werde. Zugänglicher für derartige Spekulationen zeigt sich Erich Becher. Immerhin empfiehlt er „vorsichtige Zurückhaltung und Kritik" gegenüber der „Tendenz, der Minkowskischen absoluten Welt und der Koordination ihrer vier Dimensionen eine mehr als mathematisch-symbolische, eine reale Bedeutung zuzuschreiben" (Weltgebäude, Weltgesetze, Weltentwicklung, 1915; S. 192).

dahingestellt, ob die Physik gegründeten Anlaß findet, die Zeit zu einem Faktor innerhalb des Raumgefüges zu machen oder sonst eine Verwandlung ihrer Struktur vorzunehmen. Keinesfalls aber hätte die Physik es dann mit [151] einem Gebilde zu tun, das mit „Zeit" noch irgend etwas gemein hätte.

7. Genau so verhält es sich mit dem Raume. Ja gerade der Raum ist dasjenige Gebiet, auf dem jener Fehler, der soeben an der Zeit klargelegt wurde, am häufigsten und energischesten begangen zu werden pflegt. Man spricht von dem nichteuklidischen Raume und hält sich nicht vor Augen, daß mit der Einführung des Nichteuklidischen das Wesensgefüge, das uns einzig als Raum bekannt ist, durch und durch vernichtet und etwas schlechtweg Unbeschreibliches, Unvergleichliches, das vom Denken mit keinerlei Inhalt erfüllt werden kann, also etwas inhaltlich Undenkbares an seine Stelle getreten ist. Ist vom nichteuklidischen Raume die Rede, so muß man Alles, was uns von der Vorstellung des Räumlichen her als Erstreckung, Ausbreitung, als Nähe und Weite, als Länge, Breite, Tiefe vor Augen schwebt, gänzlich beiseite lassen. Es ist schwierig, hiervon ganz loszukommen. Denn der Raum ist nicht nur für unser Vorstellen, sondern auch für unser ganzes Lebensgefühl, für unsere Lebensgewohnheit das uns umfangende, uns heimatlich bergende Medium. Nichtsdestoweniger ist von dieser Vorstellungs- und Gefühlsweise auch der letzte Rest zu tilgen, wenn von dem nichteuklidischen Raume die Rede ist. Mit jeder wesenhaften Veränderung des Grund-[152]gefüges des euklidischen Raumes ist der Raum überhaupt zusammengebrochen und an seine Stelle etwas schlechtweg Unbekanntes und Inhaltlich-Undenkbares getreten. Wenn man also von einem „Raume" spricht, in dem das Krümmungsmaß nicht gleich Null ist, in dem das Parallelenaxiom aufgehoben ist, in dem die Gerade nicht die kürzeste Linie zwischen zwei Punkten ist, in dem die Winkelsumme in einem Dreieck nicht zwei Rechte beträgt, so redet man tatsächlich von einem „Beziehungsgefüge", das radikal anders geartet ist als das uns einzig als Raum bekannte Gebilde. Driesch hat Recht, wenn er erklärt: die sogenannte nichteuklidische Geometrie ist „gar keine Geometrie, das soll heißen: gar keine Wissenschaft vom Raume". So wahr ich, sagt er, ein absolut endgültiges Wissen vom Wesen des Raumes habe, so fest steht es auch, daß „ich zugleich um die Gültigkeit der euklidischen Axiome weiß"[98].

---

[98] Driesch, Relativitätstheorie und Philosophie (1924), S. 35, 43. Von seinem Logizismus aus kommt Natorp im Wesentlichen zu dem gleichen Ergebnis. Ihm steht auf Grund beweisenden Denkens fest, daß, sobald sich die Wissenschaft nicht mit „bloßen abstrakten

Es gehört nicht zum Gegenstande dieser Schrift, auf die Frage einzugehen, worin der wissenschaftliche Charakter und Wert der in höchstem Grade bewundernswerten Gedankenarbeit liegt, die man als „Metageometrie" zusammenfassen kann. Nach meiner Auffassung handelt es sich hierbei um ein Denken, das sich in formallogischen, inhaltlich [153] unausfüllbaren Möglichkeiten bewegt. Es ist unmöglich zu sagen, was das für eine Art von Sein sei, wenn diesen Möglichkeiten ein Wirkliches entsprechen sollte[99].

Ebensowenig fällt in den Rahmen dieser Schrift die Beantwortung der Frage, ob für den Physiker in irgendwelchen Tatsachen der Körperwelt ein zwingender Anlaß vorliege, einen nichteuklidischen Raum heranzuziehen (wie dies Einstein behauptet)[100]. Ich begnüge mich hier mit der Feststellung, daß für den Fall, daß der Physiker es für unerläßlich halten sollte, den nichteuklidischen Raum zur Erklärung gewisser Naturvorgänge heranzuziehen, er hiermit in eine Sphäre des nicht nur absolut Unvorstellbaren, sondern auch des für das Denken inhaltlich schlechthin Unausfüllbaren eintreten würde. Es wäre absolut nicht zu sagen, was das für ein Seiendes sein soll, das diesen formalen Möglichkeiten zu entsprechen hätte. Es noch mit dem Wort „Raum" zu benennen, würde an Unfug grenzen.

Hier drängt sich auch die Frage auf: was soll es heißen, wenn behauptet wird, daß sich der Physiker für seine Zwecke einen Raum konstruieren müsse, der nicht mit dem phänomenologischen Raum zusammenfällt? Dies kann nur den Sinn haben, daß innerhalb des Wesensgefüges, den [154] die Raumgegebenheit aufweist, eine den Zwecken der Physik entsprechende mathematische Durchgliederung, Durchgestaltung einzutreten habe. Der

---

Denkbarkeiten" begnügt (wozu die reine, freie Mathematik allerdings ein Recht habe), sondern die „Möglichkeit von Existenzbestimmung" ins Auge faßt, für sie nur der „homogene und stetige dreidimensionale, d. h. der Euklidische Raum" in Frage komme (a. a. O. S. 303ff.). Ebenso urteilt Riehl: nur der Euklidische Raum, nur der Nullwert des Krümmungsmaßes entspreche der Natur unseres Denkens. „Mannigfaltigkeiten, deren Krümmungsmaß nicht in allen Punkten konstant ist, sind keine Räume" (a. a. O. Bd. 2, S. 178ff.).

[99] Driesch sieht die Sache so an, daß die sogenannte Metageometrie ein Kapitel der „allgemeinen Relationstheorie" bildet. Unter der allgemeinen Relationstheorie aber versteht er diejenige apriorische Lehre, die „von allen Besonderheiten" handelt, welche im Bereiche des Begriffs „Beziehung" aus dem Wesen dieses Begriffs heraus „gesetzt", populär gesprochen: „gedacht" werden können (a. a. O. S. 37).

[100] So sieht auch Cassirer in der „Fruchtbarkeit der nichteuklidischen Geometrie für die Physik" eine unbestreitbare Tatsache (Zur Einsteinschen Relativitätstheorie, S. 100, 104). Driesch dagegen sagt: der Naturraum „ist nun eben euklidisch, kann wesensmäßig gar nicht anders als euklidisch erfaßt werden; das ist eine der ganz wenigen Sachen, die wir ganz sicher und endgültig wissen".

unter Belassung der Grundstruktur des phänomenologischen Raumes koordinatengemäß durchgegliederte Raum: das ist das Beziehungsgefüge, das für den Physiker an die Stelle des in dieser Hinsicht primitiven Anschauungsraumes tritt.

Es empfiehlt sich daher nicht, bei Behandlung der Raumprobleme von dem mathematisch durchkonstruierten Raum auszugehen. Denn es liegt die Gefahr nahe, daß dann die Erlebnisgrundlage des Raumes, sein ursprünglicher Sinnlichkeitscharakter in den Hintergrund tritt. So ist es bei Jonas Cohn. Die Art, wie er die Raumprobleme behandelt, kennzeichnet sich durch das Bestreben, in möglichst engem und strengem Zusammenhange mit der Mathematik zu bleiben. Hierbei aber geht ihm der Zusammenhang mit dem ursprünglichen Raum-Erleben so gut wie gänzlich verloren. Aus dieser völligen Sinnlichkeitsfremdheit ist meines Erachtens seinen wohldurchdachten, vorsichtig abgewogenen Überlegungen doch mancher Nachteil erwachsen[101].

XVIII. ANFANG UND ENDE DER ZEIT

1. Den Erwägungen dieses Kapitels muß ich eine Bemerkung über ihren logischen Anspruch vorausschicken. Ich bin mir bewußt, daß sich gegen die folgenden metaphysischen Erwägungen schwere Einwendungen geltend machen lassen. Ich weiß, daß die in dem Problem liegenden Schwierigkeiten durch die Art, wie ich mir die Sache zurechtlege, keineswegs glatt beseitigt erscheinen, ja, daß damit dem Verstande — wenn ich mich so ausdrücken darf — starke [155] Zumutungen gestellt werden. Nichtsdestoweniger scheinen mir die folgenden Erwägungen der am meisten gangbare Weg zu sein, weil, wenn er nicht gewählt würde, Schwierigkeiten entstünden, die sich mir als noch weniger erträglich darstellen. So will ich denn die folgenden Gedankengänge in besonderem Grade als bloßen Versuch angesehen wissen, als Darlegung einer mit starkem subjektiven Einschlag behafteten Auffassung. Die jetzt zur Erörterung zu bringenden Fragen haben mich seit Anbeginn meines philosophischen Denkens — ich darf ohne Übertreibung sagen — gequält. Aber erst in der letzten Zeit setzte sich in mir die Überzeugung fest, daß ich von unbefriedigendem grübelnden Su-

---

[101] Jonas Cohn, Voraussetzungen und Ziele des Erkennens (1908), S. 199f.

chen am ehesten noch dadurch loskomme, daß ich den jetzt darzustellenden Weg einschlage.

Ich werde im Folgenden nun aber nicht immer in Ausdrücken und Wendungen des bloßen Meinens, der zweifelnden Vorsicht, des Auch-anders-Urteilendürfens sprechen. Schon aus stilistischen Gründen wäre es lästig, beständig „wahrscheinlich", „vielleicht", „erscheint mir", „es legt sich nahe" und dergleichen Redensarten zu gebrauchen. Ich werde in einfacher Bestimmtheit, in sachlicher Entschiedenheit reden. Das Vorangeschickte genügt, um diese sprachliche Darstellungsweise in rechtem Lichte erscheinen zu lassen.

2. Am handgreiflichsten mit den Interessen der Weltanschauung ist aus dem Umkreis der Metaphysik der Zeit die Frage verknüpft, die dem Entweder-Oder der Endlichkeit und Unendlichkeit der Zeit gilt. Je nachdem man die Zeit als seit jeher laufend und ins Endlose weiterfließend oder als nach rückwärts durch Nicht-Zeit begrenzt und als irgendeinmal ein Ende nehmend ansieht, wird unser Weltbild, unsere Vorstellung von Gott und seinem Verhält-[156]nis zur Welt, unsere Überzeugung von der Entwicklung der Welt und im besonderen der Menschheit von wesentlich anderer Art.

Zunächst muß klargestellt werden, daß es sich hier um Anfang und Ende der Zeit selbst, nicht also um Anfang und Ende der Welt handelt. Es wäre ja möglich, daß die Welt einen zeitlichen Anfang hat, daß aber dem zeitlichen Anfang der Welt eine anfangslose Zeit vorausliegt, und daß diese Welt ein zeitliches Ende nehmen, die Zeit aber ins Endlose weiter laufen wird. Kants erste Antinomie betrifft sonach nicht unmittelbar unser Problem; denn Kant beschäftigt sich nur mit der Frage, ob die Welt „einen Anfang in der Zeit" habe, oder ob sie „in Ansehung der vergangenen Zeit unendlich" sei. Diese kosmologische Frage liegt außerhalb meines Untersuchungskreises. Nimmt man die Anfangslosigkeit der Zeit an, so ließe sich denken, daß eine beliebige Anzahl von Welten, von denen eine jede in der Zeit entstanden und in einem bestimmten Zeitpunkt in ihr Nichts zurückgenommen worden wäre, dieser unserer Welt vorausgegangen sein könnte. Es wäre aber auch möglich, daß bis jetzt nur diese unsere Welt in einem bestimmten Punkt der unendlichen Zeit ins Dasein getreten wäre. Es könnte aber auch, im Sinne der Kantischen Antithese, zugleich mit der anfangslosen Zeit diese unsere Welt seit jeher existiert haben. Ich führe dies nur an, um darzutun, daß das hier ins Auge gefaßte Problem mit der kosmologischen Frage nach Anfang und Ende der Welt nicht zusammenfällt. Doch besteht ein gewisser Zusammenhang zwischen beiden Fragen. Wird die Anfangs- und Endlosigkeit der Zeit verneint, so ist selbstverständlich auch die Möglichkeit aufgehoben, daß die Welt seit jeher bestanden habe und immerdar weiter existieren werde.

[157]   3. Daß die Zeit nicht angefangen haben könne, ist ein Glaube, der sich fast als selbstverständlich aufdrängt. Jedes Jetzt trägt seine Herkunft aus dem unmittelbaren Vorher in sich. Jedes Jetzt ist ebenhinschwindendes Vorher. Wie sollte ein Jetzt zu der Ausnahmestellung kommen, daß es ohne ein Vorher ins Leben träte, daß es ein absoluter Anfang wäre? So weist jedes Jetzt nach rückwärts über seine Grenze hinaus. Die Zeit kann also nicht angefangen haben. Ich kann auch sagen: das Jetzt ist fließende Grenze, und nichts Anderes als fließende Grenze. Ebendamit ist die Möglichkeit abgeschnitten, daß ein Jetzt das absolut erste Jetzt sein könne. Denn dann wäre ja nach rückwärts die Grenze nicht fließend. Diese Überlegung scheint unbedingt zwingender Art zu sein.

Das genau Entsprechende gilt hinsichtlich des Nachher. Ein Jetzt, dem kein Nachher folgen würde, hätte die Jetzt-Natur verleugnet. So wahr das Jetzt fließende Grenze ist, so unmöglich ist es, daß mit einem bestimmten Jetzt plötzlich die Zeit zu Ende sein könnte. Schon Aristoteles hat die Anfangs- und Endlosigkeit der Zeit durch eine Erwägung dieser Art begründet[102].

So scheint die Sache vollkommen klar zu liegen und endgültig erledigt zu sein. Die Zeit erscheint wie eine gerade Linie, die aus Anfangslosigkeit herläuft und sich ins nirgends Endende hin erstreckt. Diese Vorstellung ist dermaßen populär, ja trivial geworden, daß sie das Einfachste von [158] der Welt zu sein scheint. Man staunt wohl, ist vielleicht auch erschüttert, wenn man etwa in einem Vortrag von dem, was Millionen Jahre vor uns gewesen ist und nach uns sein wird, reden hört. Aber prinzipiell scheint schlechterdings nichts Unfaßbares darin enthalten zu sein, daß nach rückwärts jedem beliebigen Jetzt ein anderes vorausliegt, und daß nach vorwärts sich immerfort neue Jetzte anschließen.

---

[102] Aristoteles im ersten Kapitel des 8. Buches der Physik (251b, 20ff.). Zum Wesen der Zeit, so legt er dar, gehört das Jetzt. Das Jetzt aber ist ein Mittleres zwischen Anfang und Ende; es ist Anfang des kommenden Jetzt und Ende des eben vergangenen. Daher setzt jedes Jetzt nach beiden Seiten hin Zeit voraus. Ein Jetzt des absoluten Anfangs und ein Jetzt des absoluten Endes kann es nicht geben. Die Zeit ist anfangs- und endlos.

4. Sieht man dagegen schärfer hin und versetzt sich mit seinen Gedanken nachkonstruierend in den regressus und progressus der Zeit in infinitum, so findet man sich vor eine schlimme Schwierigkeit gestellt.

Ich soll die Zeit als von jeher dahinfließend denken. Ich darf daher von keinem vergangenen Jetzt behaupten, daß in ihm die Zeit ihren Ausgang, ihren Ursprung habe. Die Zeit ist nach rückwärts schlechtweg unvollendet; an jedem beliebigen, noch so weit zurückgeschobenen Punkte ist sie ein Bruchstück. Und ebensowenig darf ich behaupten, daß die Zeit nach vorwärts in irgendeinem Jetzt ihre Vollendung finden werde. Die Zeit ist nach beiden Richtungen hin schlechtweg unvollendet. Mag man die Zeit als Form, als Beziehung oder wie immer bezeichnen: jedenfalls ist die transsubjektive Zeit eine wesenhafte Seite am metaphysischen Sein, ein im Transsubjektiven wesenhaft Mitexistierendes, also eine metaphysische Wesenheit. Ich soll also eine metaphysische Wesenheit denken, die geradezu unvollendet ist, die immer unvollendet war und nie vollendet sein wird; zu deren Wesen das Bruchstückmäßige gehört. Ist dies nicht ein Ungedanke?

Eine anfangs- und endlose Zeit wäre eine metaphysische Wesenheit, die kein Ganzes ist. Man halte sich den Gedanken ernsthaft vor Augen: eine Wesenheit, auf welche die [159] Kategorie des Ganzen nicht anwendbar ist. Die Sache läge dann so, daß die Zeit, gerade weil sie grenzenlos ist, ein metaphysisches Etwas von schlechtweg unabgeschlossener, unfertiger, unganzer Art wäre. Mir scheint: ein solches Sein ist in sich unhaltbar. Ich vermag dem Gedanken nicht zu entgehen: ein solches metaphysisches Sein müßte in sich zerfallen, in sich zerstieben. Die Zeit wäre dann ein Sein, das nie zur Erfüllung seines Seins käme, das sich nie selbst besäße; von dem man daher nicht in Wahrheit sagen könnte: es „ist". Und diese Schwierigkeit würde auch dann bestehen, wenn der Zeit zwar ein Anfang gegeben, aber ihr Verlauf ins Endlose beibehalten würde. Denn eine sich immer weiter ins Endlose dehnende Zeit wäre ein Sein, das niemals seine Erfüllung fände, nie ein Ganzes würde. Ja, soweit auch die Zeit nach vorwärts gelaufen wäre, sie würde an jedem Punkte von ihrer Erfüllung gleich weit entfernt bleiben. Von einer Annäherung an ihr Fertigsein könnte niemals die Rede sein. Ihr Fertigsein läge immer in endloser Ferne.

Und dazu gesellt sich eine andere Mißlichkeit. Ich soll mir vorstellen: seit jeher läuft die Zeit; also eine jedwede benennbare Zahl absolut übertreffende Vielheit von Jetzten ist vorangegangen. Da müßte doch auch dieses Jetzt, in dem ich soeben stehe, bereits dagewesen sein. Dies gilt natürlich auch von jedem beliebigen vergangenen Jetzt. Von einem Zeitpunkt, der vor Zentillionenjahren ein Jetzt war, muß genau ebenso, wie von dem gegenwärtigen Jetzt, geurteilt werden, daß er bereits dagewesen sein müßte. Und so immer weiter in die Vergangenheit hinauf. Das heißt: eine anfangslose Zeit kann überhaupt nicht zum Fließen kommen. Denn jeder beliebige Punkt der Vergangenheit hätte ja schon früher zur Verwirklichung gekommen sein müssen. [160] Eine anfangslose Zeit erscheint mir auch aus diesem Grunde als ein Ungedanke, der sich aufhebt.

Diese Gedankengänge würden noch eine erhebliche Verstärkung erfahren, wenn sich die zunächst offen gelassene Möglichkeit einer leeren Zeit als Unmöglichkeit erwiese. Dann nämlich würde die Annahme der Anfangslosigkeit zugleich dies in sich schließen, daß auch das Werden des Zeitinhalts, das Werden also des Inbegriffs alles endlichen Daseins, das Werden der körperlichen und geistigen Welt als anfangslos anzusehen wäre. Dieser Gedanke nun eben, daß das wirkliche, konkrete Werden des Anfangs entbehre, scheint mir mit noch stärkeren Schwierigkeiten belastet zu sein als die Annahme, daß die Zeit als solche anfangslos laufe. Auf diese Erweiterung der bisher angestellten Überlegungen haben wir jetzt die Aufmerksamkeit zu richten.

Was zunächst die leere Zeit angeht, so entsteht die Frage: was ist in der leeren Zeit das, was da fließt? Offenbar ist nichts da, was fließen könnte, außer dem reinen Fließen selbst. Es liegt nur die Form des Fließens selbst vor. Es existiert hier nichts, was da würde. Nur das reine Werden soll als werdend existieren. Mir scheint: damit ist das Gegenteil einer metaphysischen Existenz bezeichnet. Die bloße Form des Werdens, ohne ein Etwas, welches wird — dies ist eine in sich unhaltbare essentia, eine essentia, die es unmöglich zur existentia bringen kann.

Ist hiermit der Gedanke einer leeren Zeit abgewiesen, so ist es selbstverständlich, daß mit der Anfangslosigkeit der Zeit auch die Anfangslosigkeit des realen Werdens, des konkreten Geschehens gesetzt wäre. Und ist das reale Werden ohne Anfang, so wird es wohl auch ohne Ende weiter existieren. Damit wäre die Welt, der Inbegriff des körperlichen [161] und geistigen Daseins zu einem in sich unabgeschlossenen, unfertigen, unganzen Etwas, zu etwas wesenhaft Bruchstückartigem gemacht. Ein anfangs- und endloses reales Werden wäre ein Etwas, das sich niemals in sich fassen, sich nie besitzen könnte, dessen Wesen vielmehr darin bestünde, nie zu seiner

Erfüllung zu kommen. Ein solches Etwas könnte also nie zur Existenz gelangen.

Die Lage, in die das Denken durch diese Erwägungen gerät, ist seltsam genug: in einen merkwürdigen Widerspruch sieht sich unser Denken verstrickt. Einerseits soll durch das Grenzenlose die Zeit und ebenso das Werden offenbar zur Vollendung gebracht werden. Eine anfangende und aufhörende Zeit erscheint als eine hinten und vorn abgerissene Zeit. Das Bruchstückartige soll durch die Grenzenlosigkeit vermieden werden. Durch die Anfangs- und Endlosigkeit scheint die Zeit und ebenso das Werden an Wesenheit unübertreffbar geworden zu sein. Die grenzenlose Zeit enthält eben die ganze Zeit, das grenzenlose Werden das ganze Werden in sich. Auf der anderen Seite aber wird der Zeit und ebenso dem Werden, wie sich uns gezeigt hat, gerade durch die Anfangs- und Endlosigkeit das Gepräge des nie völlig zu sich selbst Kommenden, des immerdar Nichtganzen, des Bruchstückartigen aufgedrückt. Zeit und Werden wären dann immer unvollendet. Ihr Sein käme nie zu seiner Erfüllung. Und dieser Gesichtspunkt hat, scheint mir, als entscheidend zu gelten.

Auch der vorhin an letzter Stelle gegen die Anfangslosigkeit der Zeit ins Feld geführte Gedanke läßt sich ohne weiteres auf das reale Werden anwenden. An welchem Gegenwartspunkte (und sei er auch vor Zentillionen Jahren dagewesen) ich auch das reale Werden ergreifen mag, überall muß gesagt werden: dieser augenblickliche Weltzustand [162] hätte schon früher verwirklicht sein müssen. Denn in jedem Zeitpunkt ist ja ein anfangsloses Werden vorangegangen. Es kann an keinem Punkte ankommen, weil es daselbst hätte längst angekommen sein müssen[103]. Ich kann diesen Gedanken auch so ausdrücken: ein anfangsloses Werden wäre vielmehr ein immerdar stillstehendes Werden; ein anfangsloses Werden könnte es nie zum Laufen bringen; denn an jedem Punkt seines Laufens müßte es ja schon endlose Zeit früher angelangt sein; an jedem Punkt seines Dahineilens wäre es sonach seine Selbstwiderlegung.

---

[103] Diese Schwierigkeit hat auch Schopenhauern viel zu schaffen gemacht. Es heißt bei ihm: wenn die Welt anfangslos wäre, „so könnte die jetzige reale Gegenwart nicht erst jetzt sein, sondern wäre schon längst gewesen" (Werke, Reclam, Bd. 4, S. 126; bei Behandlung der Kantischen Antinomien). Im ersten Bande des Hauptwerkes zieht er diesen Gedanken heran, um die Lehre von der fortschreitenden Entwicklung der Welt abzufertigen. Nimmt die spekulative Philosophie an, daß sich die Welt seit Ewigkeit fortschreitend entwickelt habe, so müßte ja, da bis zum jetzigen Augenblick eine unendliche Zeit verflossen ist, „Alles, was da werden kann und soll, schon geworden sein" (Reclam, Bd. 1, S. 358).

5. Hiernach komme ich zu einem Ergebnis, in dem ich mich mit Eduard von Hartmann und Hans Driesch zusammenfinde. Nach Hartmann hat der gegenwärtig ablaufende „Weltprozeß" einmal angefangen und wird dereinst enden. Eine leere Zeit gilt ihm als ein „widerspruchsvoller Begriff". Es bedeutet daher Anfang und Ende des „Weltprozesses" für ihn zugleich Anfang und Ende der Zeit[104]. Die metaphysischen Gedankengänge, innerhalb deren diese Anschauung bei ihm auftritt, gehen uns hier nichts an. Und in der Metaphysik von Driesch ist es ein Hauptstück, daß sich Anfang und Ende des zeitlichen Werdens widerspruchsfrei denken lasse. Seine ganze Metaphysik knüpft sich an die [163] Möglichkeit des „Gewordenseins des zeitlichen Werdens". „Das Werden selbst kann unzeithaft geworden sein; wir wissen nicht, ob es so ist; nur daß lediglich, wenn es so wäre, Vieles in Erfahrung [...] erklärt sein würde, wissen wir." Und ebensowenig besteht „irgend ein Zwang, zeitliches Werden ohne Ende zu denken". Zeitliches Sein und Werden kann anfangen und enden[105].

Gemäß meinen Darlegungen scheint der Gedanke der Anfangs- und Endlosigkeit der Zeit des Werdens mit stärkeren Schwierigkeiten und Undenkbarkeiten belastet als die Annahme eines Anfangs und Endes von Zeit und Werden. Ich halte diese Annahme nicht nur, wie Driesch, für widerspruchsfrei, sondern sogar für besser begründet, für logisch befriedigender als die entgegengesetzte.

XIX. DAS ZEITLOSE GESCHEHEN

1. Ich sehe den Eleatisch-Platonischen Gedanken für richtig an: eine Welt des Werdens, des zeitlichen Verlaufens hat keinen Halt in sich. Um bestehen zu können, muß ihr eine Welt zeitlosen Seins unterbaut sein. Nur auf dem Grunde eines zeitlosen (oder wenn man lieber will: überzeitlichen) Seins kann es zu einer Sphäre des zeitlichen Geschehens kommen.

Der Zeitfluß ist stetiges Sichselbstaufgeben, ist Vergehen im Entstehen. Was soeben ist, ist schon nicht mehr. Mit Heraklitischer Zuspitzung könnte man sagen: in der Zeit ist Entstehen und Vergehen Dasselbe. Und in Anknüpfung an Hegel darf man sagen: alle Zeitlichkeit, alles Werden ist von

---

[104] Eduard von Hartmann, Kategorienlehre, S. 100ff., 138.
[105] Hans Driesch, Wirklichkeitslehre; 2. Auflage 1922; S. 308f., 328, 336, 353f., 371.

Negativität durchsetzt. Das zeitliche Sein ist ein allenthalben durch das Nichtsein zersetztes, auseinanderge-[164]brochenes Sein. Das reine, volle, vollkommene Sein ist keine Stätte für das zeitliche Werden. Parmenides hatte Recht: der Satz „das Sein ist" schließt in sich, daß weder Vergangenheit noch Zukunft, weder Entstehen noch Vergehen vom Rein-Seienden gelten. Und Platon hat in der Sache gleichfalls Recht, wenn er die Sinnenwelt, die Welt des Werdens als gemischt aus Sein und Nichtsein ansieht. Er kann sich nicht genugtun im Häufen von Bezeichnungen der unbedingten Positivität, um das Ausgeschlossensein alles Werdens aus dem Rein-Seienden so stark wie möglich zu betonen.

So können wir also bei dem Gedanken des zeitlichen Geschehens nicht stehen bleiben. Er treibt uns logisch notwendig zu dem Gedanken eines zu Grunde liegenden zeit- und werdenslosen Seienden. Eine Welt des zeitlichen Werdens, rein für sich bestehend, wäre kein volles, erfülltes Sein. Sie müßte ohne den Halt des Unzeitlichen in sich zusammensinken.

Nun weiter: dieses zeitlose reine Sein kann unmöglich als räumlich gedacht werden. Es ist wichtig, sich diese Unmöglichkeit genau vor Augen zu führen. Warum muß von dem zeitlosen Sein auch das Räumliche entfernt gehalten werden?

Auch der Raum ist ein von Nichtsein durchsetztes Sein. Zwar sind alle Raumstücke zugleich; das Raumgefüge weist nichts von dem Rhythmus des Entstehens und Vergehens auf. Aber das Zugleich hat die Gestalt des Außereinander. Jedes beliebige Raumstück verhält sich nicht nur zu den übrigen Raumstücken in der Weise des Außereinander, sondern stellt auch innerhalb seiner selbst ein Außereinander dar. Als Außereinander aber ist der Raum wesenhaft ein in sich zerfallenes, ein außer sich geratenes Sein. Die Anders-[165]heit durchdringt das ganze Raumgefüge. Wo auch immer ich mich im Raume festsetze, überall bricht die Raumstelle einerseits in sich in Andersheit auseinander und fließt anderseits über sich hinaus in Andersheit über. Dies ist das Gegenteil von vollem, schlechtweg positivem Sein. Das räumliche Außereinander oder in gewöhnlicher Bezeichnung des Nebeneinander ist ein durch Negativität durchgehends gebrochenes Sein.

Hieraus ergibt sich, daß das unzeitliche Sein, zu dessen Annahme wir von der Tatsache des zeitlichen Daseins aus hingetrieben werden, unmöglich räumlicher Art sein kann. Wäre das unzeitlich Seiende zu Räumlichkeit zerdehnt, so wäre es von Negativität durch und durch zersetzt. So ist der Zeit- und Raumwelt ein unzeitlich-unräumlich Seiendes vorauszudenken. Oder positiv ausgedrückt: das zeitlos Seiende, das die Grundlage der Zeit- und Raumwelt bildet, hat die Seinsweise der Innerlichkeit, der Geistigkeit.

Denn nur im Elemente der Innerlichkeit kann sich das volle Sein, das schlechtweg positive Sein verwirklichen. Nur die Innerlichkeit ist schlechtweg in sich, bei sich; nur die Innerlichkeit faßt sich in sich, hat sich selbst. Hier ist die Wesenhaftigkeit nicht auseinandergegangen, nicht in das Element der Andersheit zerfallen. Hier ist ohne Abzug positives Sein vorhanden. Das Urwesen, das der Zeit- und Raumwelt voraus zu setzen ist, existiert ausschließlich als Insichsein, als Selbstdurchdringung, als Geist.

So zwingt meines Erachtens die Betrachtung der Wesenheit von Zeit und Raum das Denken zu dem Gedanken hin, daß die zeitlich-räumliche Welt nicht für sich allein bestehen kann, sondern sie ihr Sein aus einem Urwesen unzeitlich-unräumlicher, positiv ausgedrückt: geistiger Art irgendwie schöpft und erhält. Wenn man will, darf man diesen Ge-[166]dankengang als einen Beweis vom Dasein Gottes bezeichnen. Nur muß man das Wort „Beweis" in dem weiten Sinne nehmen, daß auch das Wahrscheinlichmachen metaphysischer Möglichkeiten, das Erörtern metaphysischer Hypothesen davon umfaßt wird.

2. Die eben zum Ausdruck gebrachten Gedankengänge haben sich ohne alle Anknüpfung an die Darlegungen des vorigen Abschnittes über Anfang und Ende der Zeit ergeben: sie flossen uns einfach aus Erwägungen, zu denen die Wesensbeschaffenheit der Zeit und des Raumes hindrängt.

Wenn ich mich nun wieder zu den Überlegungen des vorigen Abschnittes zurückwende und ihren Ertrag daraufhin ansehe, was metaphysisch mit ihm gesagt ist, so zeigt sich, daß wir durch ihn in die Metaphysik nach derselben Richtung hineingeführt worden sind wie durch die soeben gezogenen Folgerungen.

Denn wenn Zeit und Werden einen Anfang genommen haben: muß da nicht ein Urwesen existieren, welches Zeit und Werden absolut gesetzt hat? Es ist doch wohl ein Ungedanke, annehmen zu wollen, daß Zeitanfang und Werdensanfang ursachlos mit einem Male da ist. Im Hinblick auf das soeben gewonnene Ergebnis kann dieses Urwesen nicht anders denn als absolutes Insichsein, als absoluter Geist existieren. Aber auch abgesehen von jenem zu Beginn dieses Abschnittes erschlossenen Ergebnis leuchtet es ein, daß ein Seiendes, durch welches Zeit und Werden irgendwie erzeugt werden soll, nur unzeitlicher und ebenso auch unräumlicher Art sein kann. Ein Absolutes, das zeitlich existiert, kann unmöglich den Zeitanfang setzen. Denn die Zeit wäre ja schon da. Damit ist aber auch die Möglichkeit beseitigt, daß das den Zeitanfang setzende Urwesen räum-[167]lich sein könne. Denn ein räumliches Existieren ohne zeitliche Dauer ist ein Unbegriff. Wäre das Urwesen räumlich, so wäre es auch zeitlich. So ist mit dem Wegfall der Zeitlichkeit auch die Räumlichkeit des den Zeitanfang setzenden Urwesens in Wegfall gekommen. Positiv gesprochen: der Zeitanfang kann nur durch ein rein innerliches, geistiges Urwesen gesetzt sein.

Auf diesem Boden ist sonach mit der Ansicht gebrochen, daß das Urwesen sich ewig zur Zeitwelt entfalte, sie ewig aus sich entlasse, sich ewig in sie umsetze, seine ewige Erscheinung, Manifestation, Selbstentwicklung in ihr habe. Wer die Anfangslosigkeit der Zeit abgewiesen hat, für den ist auch der Gedanke beseitigt, daß mit der Wesenheit des absoluten Geistes auch wesenhaft die Existenz der Erscheinungswelt mitgesetzt sei. Nur durch einen Akt von Seiten des absoluten Geistes, also nur durch einen Vorgang, der den Charakter des „Dieses", der „Einzelheit" trägt, kann die Zeit- und Raumwelt in Existenz getreten sein. Hiermit ist gesagt, daß das Urwesen zu seiner Wesensvollendung nicht der Raum-Zeit-Welt bedarf. Ein Akt, der den Charakter der Diesheit, der Einzelheit trägt, kann nicht zur ewigen Wesenheit des Absoluten in dem Sinne gehören, daß die ewige Wesenheit ohne diesen Akt noch nicht fertig wäre. Populär könnte man sagen: Gott ist wesensfertig vor Erschaffung der Welt.

Dabei ist selbstverständlich nicht ausgeschlossen, daß es eine Vielheit solcher absoluten Setzungsakte gibt. Vielleicht ist dem gegenwärtigen Weltdrama schon manches frühere Weltschauspiel vorangegangen, und vielleicht wird noch zu verschiedenen Malen die Zeit anfangen und aufhören. Freilich sind dabei die zeitlichen Ausdrücke nicht in dem gewöhnlichen Sinn zu nehmen. Denn zwischen den verschie-[168]denen Weltdramen liegt ja keine Zeit. Ist die eine Welt abgelaufen, so hört hiermit die Zeit auf, und ohne ein zeitliches Zwischen ist der neue Zeitsetzungsakt da. Dies muß man sich vor Augen halten, wenn man vom Standorte der jetzt eben ablaufenden Welt von vorausgegangenen oder nachfolgenden Welten spricht. Doch wie es sich auch hiermit verhalten mag: immer handelt es sich dabei um Einzelakte, um diese oder jene einmalige Setzung, keinesfalls um eine sich durch die absolute Wesenheit selbst ergebende, ein für allemal mit ihr gesetzte, ewige Entfaltung.

In der üblichen philosophischen Terminologie gesprochen, besagt dies die Abweisung des Pantheismus und die Hinwendung zu einer theistischen Weltanschauung. Wie weit man auch den Begriff des Pantheismus ausdehnen mag: jedenfalls ist sein Kerngedanke darein zu setzen, daß die Raum-Zeit-Welt eine notwendige Stufe in der Selbstverwirklichung des Urwesens ist. Zur Selbstentfaltung des Urwesens — so sagt der Pantheismus — gehört, daß es sich substanziell als Raum-Zeit-Welt ausbreitet. Gott muß, um zu sich selbst zu kommen, um seine Wesenheit zu erfüllen, sich durch die Stufe seines Raum-Zeitlich-Werdens hindurch entwickeln. Hält man an dieser Begriffsbestimmung fest, so darf dort, wo die raumzeitliche Welt in einem Einzelakt, in einer Diesheits-Setzung ihren Ursprung hat, der Name „Pantheismus" nicht angewandt werden. Der Erschaffungs-Akt macht den „Pantheismus" unmöglich. Im Theismus hat Gott in der Welt sein Gegenüber. Im Pantheismus ist die Welt eine Stufe des Gottseins selber. Ich will hiermit den Pantheismus keineswegs als abgetan hinstellen. Der Pantheismus enthält eine starke relative Wahrheit. Ohne eine pantheistische Strömung in sich aufzunehmen, würde der Theismus in klaffenden Dualismus [169] geraten. Hierauf wird der folgende Abschnitt, soweit dies in dieser Schrift, die doch keine vollständige Metaphysik geben kann, überhaupt tunlich ist, zu sprechen kommen.

3. Wer soweit mit mir geht, muß in dem zeitlosen Urgeist so Etwas wie ein zeitloses Geschehen annehmen. Durch einen Einzelakt hat Zeit und Werden angefangen. Dieser Einzelakt muß einerseits zeitlos entsprungen sein; denn die Zeit wird ja durch ihn allererst zur Existenz gebracht. Anderseits setzt das Hervorspringen dieses Einzelaktes doch Leben, Geschehen, Werden im Urwesen voraus. Einmal fällt der Zeit-setzende Akt des Urwesens, schon für sich genommen, unter den Begriff des Werdens. Er ist eine einzelne Lebensäußerung des Urwesens. Sodann aber weist er hiermit auf ein Ganzes werdender, sich entwickelnder Lebenszusammenhänge im Urwesen hin, auf einen Inbegriff von Entfaltungen seines Wirkens, auf ein Tatenreich im Urwesen. Jener Zeit-setzende Akt muß, selbst zeitlos, als Glied in dem Lebenszusammenhange des Absoluten, in der Fülle und dem Drange seines Tuns aufgefaßt werden.

Auf diesen doppelten Schritt hat man wohl zu achten. Zunächst ist anzuerkennen: gibt es einen Zeit- und Werdensetzenden Akt des Absoluten, so ist damit unmittelbar gesagt, daß im zeitlosen Absoluten ein Geschehen, eine Lebensäußerung, eine Tat erfolgt ist. Weiterhin aber drängt sich der Gedanke auf, daß dieses bestimmte zeitlose Geschehnis nicht als ein Vereinzeltes, nicht als eine Ausnahme innerhalb des Urwesens angesehen werden dürfe, sondern daß dem Urwesen innere Lebendigkeit, Ordnungen und Zusammenhänge innerlichen Werdens, Reihen von Betätigungen zugeschrieben werden müssen. Wäre das Absolute in alle Ewigkeit schlechtweg sich selbst gleich und wäre es seinem Wesen nach nichts Anderes als solche Sichselbstgleichheit, [170] so könnte sich aus solcher toten Stille unmöglich ein Einzelakt, ein Geschehen, ein Vorgang, ein „Dieses da" erheben. Es würde auch nicht genügen, wie Hegel getan hat, das Absolute als Inbegriff logischer Beziehungen und Spannungen, logischer Gegensätzlichkeiten und Vermittlungen anzusehen. Das wechselseitige Sichergänzen und Sichdurchdringen logischer Sachverhalte ist nicht, wie sich Hegel vorgetäuscht hat, Leben, Bewegung, Entwicklung, sondern gänzlich ruhendes Sichgleichbleiben. Das Absolute als Kategorien-Inbegriff kann es unmöglich zu einem Einzelakt, zu einer Schöpfungs-Initiative bringen. Schon am Schluß des vorigen Kapitels habe ich zustimmend auf Driesch hingewiesen. Er sieht in dem freilich „dunklen Begriff eines zeitlosen Werdens des Wirklichen" einen für die Metaphysik unentbehrlichen Begriff[106].

4. Durch den Gedanken des zeitlosen Werdens findet sich das Denken vor eine harte Aufgabe gestellt. Wie verhält sich, so muß gefragt werden, dieser Gedanke zu Denknotwendigkeit und Denkunmöglichkeit? Wie ist dieser Gedanke logisch zu bewerten?

Es waren logische Erwägungen, auf Grund deren die Anfangs- und Endlosigkeit der Zeit abgelehnt wurde. Nicht zwar war es ein unbedingter logischer Zwang, unter dem sich jene Gedankengänge vollzogen, sondern es handelte sich bloß um ein Abschätzen von Gründen und Gegengründen; wie sich denn ja überhaupt in der Metaphysik nur ein mehr oder weniger hoher Grad von Annehmbarkeit und Nichtannehmbarkeit erreichen läßt.

So weit gekommen, wurde dann das Denken zu einem Ge-[171]danken weitergedrängt, der freilich logisch undurchdringlich ist. Soll das Urwesen als den Zeit- und Werdens-Anfang setzend gedacht werden, so findet sich unser Denken in folgender Lage. Einerseits müssen wir, wie wir

---

[106] Driesch, Wirklichkeitslehre, 2. Aufl. S. 309, 336. Ja Driesch findet den „Gedanken zeitlosen Werdens und eines Gewordenseins des zeitlichen Werdens nicht widerspruchsvoll".

sahen, das Urwesen als überzeitlich denken. So wahr das Urwesen Sein schlechtweg, reines Sein, absolute Positivität ist, so wahr ist auch, daß das Urwesen über alle Zeit hinausgerückt ist. Ebenso notwendig aber muß es in dem Urwesen, wenn von ihm aus ein Setzen des Zeit- und Werdensanfanges erfolgen soll, Geschehen, Werden, Lebendigkeit, Tätigkeit geben. Aus einer absolut stillstehenden Sichselbstgleichheit, aus einem rein ruhenden Inbegriff, aus einem Gefüge von Sachverhalten könnte kein Zeit- und Werdensanfang hervorbrechen. Somit steht das Denken vor dem logischen Postulat, Zeitlosigkeit und Geschehen, Zeitlosigkeit und lebendige Tätigkeit zusammenzudenken. Damit ist das Denken in eine Richtung getrieben, in der es kein Zu-Ende-Denken gibt. Es ist unserem Denken ein logisch-undurchdringlicher Begriff aufgegeben[107].

Man sieht: intuitive Gewißheit ist an allen diesen Überlegungen nicht beteiligt. Nirgends ist ein unmittelbares Erschauen zu Hilfe gezogen. Die Gedankengänge blieben durchaus auf dem Boden der theoretischen Metaphysik. Überall wurden Gründe aufgesucht, Erörterungen gepflogen, Beweisgänge angestrebt und entwickelt. Nirgends trat der Sprung und Ruck der Intuition an die Stelle der logischen Verflechtung. Es liegt mir daran, dies festzustellen, weil gegenwärtig die Neigung weit verbreitet ist, die Metaphysik ausschließlich oder doch hauptsächlich auf rein persönliche Intuition zu gründen, und so dem Bereich der Diskussion und der allein hierdurch möglichen Verständigung zu entziehen.

5. Insbesondere der philosophische Theismus kann des zeitlosen Geschehens nicht entbehren. Für den Theismus hat Gott nicht nur Selbstbewußtsein, sondern er ist zugleich Persönlichkeit, d. i. willensmäßige Zusammengefaßtheit in sich und kraft dieser auf die Verwirklichung absoluter Werte gerichtet. Gäbe es kein zeitloses Geschehen, so könnte sich Gott nicht als persönlichen Gott betätigen. Wenn der Theist beispielsweise von der Erlösung des Menschen durch Gott spricht und die Tatsache der Erlösung in einem freien Willensakte Gottes wurzeln läßt[108], so hat dies nur einen Sinn, wenn man in Gott ein Reich zeitloser Tätigkeit, zeitloser Lebendigkeit annimmt. Überhaupt wäre es sinnlos, Gott Wollen und Lieben zuzu-

---

[107] Die logische Undurchdringlichkeit ist eine bestimmte Art des Relativ-Irrationalen. Hierüber habe ich in meinem Aufsatz über den Begriff des Irrationalen gehandelt (Jahrbuch der Schopenhauer-Gesellschaft, 8. Band 1919, S. 68ff.).

[108] Max Scheler, Vom Ewigen im Menschen, Bd. 1 (1921) S. 502.

sprechen, ohne ihm zugleich innere Regsamkeit, ein Wirken auf Ziele hin, einen Zusammenhang von Akten einzuverleiben. Ein Wollen und Lieben, ein Erbarmen und Erlösen[109], das sich in ewiger Sichselbstgleichheit, in reiner Ruhe befände, wäre in sich reglos, unlebendig, tot. Kurz, der Theismus (vorausgesetzt natürlich, daß er mit der Grobheit gebrochen hat, Gott ein zeitliches Geschehen zuzuschreiben)[110] macht auf Schritt und Tritt von der Vorstellung des zeitlosen Geschehens Gebrauch.

[173]   Es ist hier nicht der Ort, den Theismus genauer daraufhin anzusehen. Meine Betrachtung ging ausschließlich von der Tatsache des Anfanges und Endes der Zeit aus. Wer Anfang und Ende der Zeit gelten läßt, muß sich das zeitlose Urwesen als sich in zeitlosem Wirken betätigend, als zeitlos zu bestimmtem Wirken heraustretend vorstellen.

XX. DIE URSCHAU DER ZEIT

1. Das Urwesen setzt den Anfang und den Verlauf der Zeit. Dieses Setzen ist ein Akt des göttlichen Willens oder — vorsichtiger gesprochen — ein Akt, der dem menschlichen Wollen analog zu denken ist. Da ist nun die weitere Frage: ist es möglich, diesen setzenden, schaffenden Willensakt bestimmter zu fassen? Soweit diese Sphäre auch über unser Wissen und Verstehen hinausliegt, so darf doch, scheint mir, gesagt werden, daß dieses Setzen unbeschadet seiner Willensnatur als ein Schauen aufgefaßt werden muß. Das göttliche Wollen und Schaffen ist hinsichtlich der Zeitwelt zugleich ein Schauen. Und das Schauen des Urwesens ist zugleich schaffendes Verwirklichen. Diese schauende Betätigung des Urwesens im Setzen der Zeit ist zu begründen und zu verdeutlichen.

Wir haben gesehen, daß das Urwesen die Seinsweise der Geistigkeit hat. So muß das Setzen der Zeit eine geistige Betätigung sein. Nun überlege man: das Urwesen ist rein innerlicher Art, der Inhalt aber, den das Urwesen setzt — eben die Zeit —, trägt den Charakter des Außereinander, des Aus-

---

[109] Ich setze selbstverständlich voraus, daß diese Bezeichnungen nur im Sinne der Analogie auf Gott anwendbar sind. In dieser Weise versteht auch Scheler die „Attribute" Gottes (a. a. O. S. 409f.).

[110] Die Theisten sprechen freilich meistens naiver Weise von dem Leben in Gott so, als ob es sich um eine Abwicklung in der Zeit handelte. Man denke etwa an die Art, wie Duns Scotus oder Leibniz die Akte Gottes bei Schöpfung der Welt beschreiben.

gedehnten, Ausgebreiteten, Zerfallenden, immerdar über sich Hinauseilenden. Daher darf man dieses Setzen — in Analogie mit der entsprechenden menschlichen Betätigung — als ein Schauen bezeichnen. Von Rein-Innerlichem sage ich nicht, daß ich es schaue. Meine Trauer, mein [174] Begehren, Wünschen, Urteilen, Verstehen, meine Gewissensregungen, meine Frömmigkeit „schaue" ich nicht. Vor allem nun freilich rede ich vom Schauen, Anschauen dort, wo ein Räumlich-Ausgebreitetes — sei es für meine Sinne oder für meine Phantasie — gegeben ist. In einer weiteren Bedeutung ist aber alles Sinnlich-Sichausbreitende — auch also das Gehörte, Gerochene, Geschmeckte — ein Angeschautes. Man bedarf eben in der Psychologie und ebenso in der Ästhetik eines zusammenfassenden Ausdrucks für alle solche Betätigungen der Innerlichkeit, die sich auf einen nicht-innerlichen Inhalt richten; positiv ausgedrückt: die sich auf ein sich im Äußeren, im Außen-, Neben-, Nacheinander darbietendes Objekt beziehen. Die Betätigung des Insichseins hat hier einen Inhalt, der gänzlich andersartig ist als das Insichsein selbst. So ist es denn, namentlich im Anschluß an Kant, in der Philosophie üblich geworden, nicht nur von Raum-, sondern auch von Zeitanschauung zu reden. Das absolute Insichsein gibt sich in dieser Tätigkeit einen unvergleichlich andersartigen Inhalt, als es selber ist. Im Setzen der Zeit bringt das Urwesen sich die Welt des Jetzt zur Gegenwärtigkeit. Das Jetzt aber hat sein Wesen im Anderssein: indem das Jetzt existiert, ist es auch schon über sich hinaus. Das Jetzt ist sonach äußerstes Gegenteil des Insichsein. Ich darf daher den geistigen Akt, wodurch das Urwesen die Welt des Jetzt, der fließenden Andersheit setzt, als Schauen bezeichnen[111].

[175] Das vom Urwesen ausgehende Schauen ist kein Anschauen, sondern Urschauen. Bloßes Anschauen wäre es, wenn dem Urwesen die Zeit gegeben wäre, ihm fertig gegenüberstünde. Für uns, endliche Geister, sind Raum, Zeit, Farben, Töne kein selbsttätig Erzeugtes, sondern ein Gegebenes. Beim Urwesen dagegen handelt es sich um ein selbsttätig Erzeugtes, um ein Erschaffenes. Das Urwesen schaut die Zeit aus eigener Initiative, aus eigener Tiefe; es schaut sie aus seinem Wesen heraus. Das Schauen ist hier Urschauen. Das Schauen ist hier urschöpferischer Art.

---

[111] In der „Phänomenologie der Zeit" habe ich für das Innesein der Zeit die Bezeichnung „Anschauung" nicht angewandt. Dort nämlich liegt der Fall wesentlich anders als hier. Das Urwesen stellt sich die Zeit gegenständlich gegenüber. Mein Ich dagegen findet in sich die Zeit und sich in der Zeit. Für das Urwesen ist die Zeitwelt das schlechtweg Andere, es schaut aus sich dieses Andere heraus. Mein Ich dagegen wird, indem es der Zeit inne wird, seiner selbst als zeitlichen Fließens inne.

2. Wie verhält sich die durch Urschau geschaffene Zeitlichkeit zum Wesen des Absoluten? Gehört die zeitlich werdende Welt zur Selbstentfaltung des Urwesens? Haben wir uns das Urwesen so vorzustellen, daß, indem es sich selbst verwirklicht, es sich auch zum zeitlichen Werden entwickelt? Dies ist die Auffassung des Pantheismus.

Offenbar ist durch die vorangegangenen Gedankengänge, wie schon im vorigen Abschnitt hervorgehoben wurde, diese pantheistische Vorstellungsweise ausgeschlossen. Wenn das zeitliche Werden zur Wesensentwicklung des Absoluten, zur Selbstverwirklichung des Urwesens gehörte, dann müßte das zeitliche Werden ewig existieren. Wäre das Absolute kraft seiner Selbstverwirklichung Umsetzung des Ewigen in zeitliches Werden, so könnte diese Umsetzung nicht durch einen irgendeinmal vollzogenen Akt erfolgt sein, sondern sie wäre dann eine seit jeher bestehende, anfangs- und endlose Entwicklungsstufe des Absoluten. Da nun aber, wenn die früheren Gedankengänge richtig sind, das zeitliche Werden selbst geworden ist und auf einem Einzelakt des absoluten Geistes beruht, so kann die zeitliche Welt nicht zur Selbstverwirklichung des Absoluten gehören.

Man darf daher das Verhältnis des Absoluten zum zeit-[176]lichen Werden nicht ohne weiteres als Immanenz charakterisieren. Die zeitliche Welt ist ein Gegenüber des Absoluten. Sie steht als ein andersartiges Sein außerhalb der göttlichen Selbstwirklichkeit. Das Absolute stellt einen schlechtweg höheren Hang der Wirklichkeit dar als das zeitliche Werden. Das Absolute ist reines, zu Erfüllung und Vollendung gelangtes Sein, das zeitliche Werden dagegen ist von Nichtigkeit durchsetzt. Eine tiefe, unausfüllbare Kluft scheidet das Ewige vom Zeitlichen. So liegt die Transzendenz des Ewigen, Unendlichen, Absoluten auf dem Wege, den meine Gedanken über die Zeit eingeschlagen haben.

Doch steht hiermit keineswegs in Widerspruch, wenn auf der anderen Seite das Verhältnis des Urwesens zum zeitlichen Werden in einem bestimmten Sinne durch die Kategorie der Immanenz charakterisiert wird. Die Sphäre des zeitlichen Werdens ist als ein vom Urwesen Geschautes, Gewußtes, Gewolltes, Gewirktes keineswegs absolut vom Urwesen getrennt. Das Urwesen ist schauend, wissend, wirkend, waltend in ihr gegenwärtig. Die zeitliche Welt wird vom Wissen und Wollen des Urwesens umfaßt. Die Zeitwelt ist nicht, nachdem sie geschaffen wurde, sich selbst überlassen. Sie ist ein Leben, das dem Absoluten immerdar — bildlich gesprochen — entströmt und im Entströmen sich ihm gegenüber verselbständigt. Nur also von einer relativen Selbständigkeit der Zeitwelt gegenüber dem Absoluten kann die Rede sein. Die Kluft zwischen Beiden bleibt unausfüllbar. Doch aber besteht ein Lebenszusammenhang zwischen Schöpfer und Geschaffenem. Das Geschaffene, Zeitliche kann nicht substanziell mit dem zeitlosen Urwesen Eins werden. Wohl aber gehört es dem Lebens- und Wirkungszusammenhange an, der im Wesen des Absoluten gegründet ist. Diesen Immanenz-Charakter hier weiter zu verfolgen, [177] liegt außerhalb des Planes dieser Arbeit. Es müßte ja, wenn dies geschehen sollte, eine umfassende Metaphysik gegeben werden. In der Richtung der hier angestellten Gedankenverknüpfungen liegt es, die Transzendenz herauszustellen. Die Immanenz kann hier nur als Ergänzung herangezogen werden.

Das Urwesen bleibt sonach, wenn ich mit meinen Gedankengängen Recht habe, mit diesem seinem Schauen nicht innerhalb seines Wesens. Es ist nicht ein Schauen, das in der Innerlichkeit des Urwesens verharren würde. Die geschaute Zeit ist nicht ein von der Innerlichkeit des Urwesens umschlossenes Objekt. Nicht um ein dem Subjekt immanentes Objekt handelt es sich. Vielmehr ist der Vorgang so zu denken, daß das Urwesen die Zeit aus seiner Innerlichkeit hinausschaut. Aus seinem Innenleben schöpft das Urwesen einen Akt des Schauens, der das Geschaute über das Urwesen hinaussetzt. Das Herausschauen ist zugleich ein Hinausschauen. Die Urschau der Zeit ein Hinausprojizieren der Zeit. Die zeitliche Welt wird so ein relativ Selbständiges gegenüber dem Urwesen.

Hiernach kann ich auch sagen: Gott darf in seinem Wesen nicht als unfertig gedacht werden. Es ist nicht so, daß Gott mit der Zeit immer fertiger würde, daß Gott immer mehr sich zum Gott vollendete. Das Vollendetsein, das Sich-als-Vollendethaben ist von Gottes Wesen unabtrennbar.

Dabei ist aber darauf zu achten, daß durch den Ausschluß alles zeitlichen Werdens aus dem Wesen Gottes Gott nicht zu einer unlebendigen Substanz (wie bei Spinoza) oder zu einem nur scheinlebendigen Inbegriff logisch-dialektischer Ideen (wie bei Hegel) werden darf. Vielmehr müssen wir jenes für uns freilich unfaßbare zeitlose Geschehen, jene unbeschreibliche zeitlose Lebendigkeit in Gottes Wesen hineindenken. Davon war im vorigen Abschnitt die Rede.

[178] 3. Stammt die Zeit aus der Urschau des Absoluten, so ist das Befremdliche, das die Vorstellung vom Zeitanfang und Zeitende hat, erheblich verringert. Denn nun stellt sich die Sache so dar, daß die Zeit so lange da ist,

als die Zeit-Urschau des Urwesens dauert. Wie es freilich zu der Zeitsetzung durch das Absolute kommt, und wodurch das Ende dieser Urschau bestimmt wird, dies sind Fragen, über deren Beantwortung die Philosophie kaum Vermutungen auszusprechen wagen darf. Keinesfalls sind durch die metaphysischen Überlegungen, zu denen uns das Zeitproblem hingeführt hat, dem philosophischen Denken, soviel ich sehe, Mittel in die Hand gegeben, die auch nur zu Vermutungen über das Wodurch und Wozu des Zeitanfanges und des Zeitendes hinleiten könnten.

Was das Befremdliche betrifft, das die Vorstellung von einem absoluten Zeitanfang und absoluten Zeitende mit sich führt, so kann im besonderen folgende Erwägung dazu beitragen, es zu verringern. Es handelt sich um ein für Jedermann alltägliches Zeiterlebnis: jedesmal beim Erwachen aus traumlosem Schlafe ist für mein Ich-Bewußtsein ein absoluter Anfang des Zeiterlebens vorhanden. Zwar knüpfe ich sofort das beim Erwachen erlebte erste Jetzt (wovon schon im fünften Abschnitt, S. 38, die Rede war) an die vor dem Einschlafen erlebte Zeit. Allein das Knüpfen des gegenwärtigen Jetzt an die Zeit vor dem Einschlafen bedeutet keinen ununterbrochenen Fluß des wirklichen Zeiterlebens, sondern nur ein Hinüberanknüpfen der Stetigkeitsgewißheit an die durch eine Pause von dem gegenwärtig erlebten Jetzt getrennte, vor dem Einschlafen vorhanden gewesene Selbststetigkeitsgewißheit. Das wirkliche Zeiterleben beginnt mit dem Augenblick des Erwachens aus traumlosen Schlafe für mein Ich-Bewußtsein schlechtweg [179] aufs neue. Das Zeiterleben war wahrhaft und wirklich für mich abgerissen. Die Zeit-Schau nimmt mit dem Erwachen einen Anfang. Mag der folgernde Verstand auch noch so zuversichtlich behaupten: es sei klar, daß, wie jeder Augenblick in der fließenden Zeit doch nur als Fortsetzung des soeben vorausgegangenen Augenblicks bestehe, auch der erste Augenblick nach dem Erwachen nur als Fortsetzung des eben hinschwindenden Augenblicks existieren könne: so ist es eben doch ein falsches Urteil. Was von allen Jetzten innerhalb der fließenden Zeit gilt, muß darum nicht auch schon von dem Jetzt des Zeit-Anfanges nach traumlosem Schlafe gelten. Die Tatsache des Erwachens aus traumlosem Schlafe besagt vollkommen deutlich, daß hierfür mein Erleben ein wirklich erstes Jetzt vorliegt, ein Jetzt, dem nach rückwärts die Stetigkeit fehlt. Der folgernde Verstand hat sich nach der Sprache der Tatsachen zu richten.

Genau in gleicher Weise ist über das Versinken in traumlosen Schlaf zu urteilen: die Zeitgegebenheit reißt für mein Ich-Bewußtsein gänzlich ab. Die Zeit-Schau hat für mich einfach ein Ende. Das letzte Jetzt vor dem Einschlafen ist für mich fortsetzungslos. Man darf nicht sagen: ein solches letztes Jetzt ist ein logisches Unding. Was für mich wirkliche Zeit ist, nimmt jedesmal vor dem Einschlafen mit dem letzten erlebten Jetzt ein wirkliches Ende.

Ich will nun sagen: durch diese alltäglichen Erfahrungen fällt ein erhellendes Licht auf die Urschau der Zeit. Wie für mich beim Erwachen und beim Einschlafen die Zeitgegebenheit (und sie ist ja das, was für mich einzig als Zeit existiert) schlechtweg anfängt und schlechtweg abreißt: so vollzieht sich die Urschau der Zeit in der Art, daß dieses schaffende Schauen mit einem Jetzt absolut beginnt und mit [180] einem Jetzt absolut schließt. Innerhalb der Weltzeit ist jedes Jetzt herkommend und sich fortsetzend. Daraus aber darf nicht gefolgert werden, daß ein erstes und ein letztes Jetzt der Weltzeit ein logisches Unding sei. Man mag das die Weltzeit eröffnende und das sie schließende Jetzt als ein Irrationales, ja als ein Äußerstes an Irrationalität bezeichnen. Darin liegt keine Widerlegung. Gerade die Philosophie unserer Tage ist ja geneigt, in der Welt auf Schritt und Tritt Irrationalitäten zu finden.

4. Ein Hinweis auf die entsprechenden Verhältnisse beim Raum mag hier nützlich sein. Aus prinzipiell den gleichen Gründen, aus denen die Anfangs- und Endlosigkeit der Zeit aufzugeben ist, scheint auch zu folgen, daß die Annahme: der Raum sei grenzenlos, unhaltbar sei. So paradox, ja verblüffend es klingen mag: die Annahme scheint unausweichlich zu sein, daß der Weltraum als begrenzt gedacht werden müsse. Und ferner wird, ähnlich wie bei der Zeit, der Weltraum als auf einer Urschau des Absoluten beruhend anzusehen sein. Und wie bei der Zeit, so wird auch hier das Befremdliche der Annahme der Begrenztheit dadurch mindestens verringert, daß der Weltraum als eine Urschauung des Absoluten angesehen wird. Aus sich herausschauend setzt das Urwesen den Raum. Schauen und Schaffen sind Eines. So reicht der Weltraum so weit, als das raumschaffende Urschauen reicht. Wo das räumliche Urschauen aufhört, dort hat der Weltraum seine Grenze. Das Bewußtsein des Urwesens umfängt, faßt in sich den begrenzten Weltraum. Das Bewußtsein des Urwesens ist der Unraum, von dem der Weltraum umschlossen wird.

Und wie bei der Zeit, so läßt sich auch hier auf eine allergewöhnlichste Erfahrungstatsache hinweisen, durch die der Vorstellung von der einen begrenzten Raum setzenden [181] Urschau des Urwesens das Befremdliche in noch höherem Grade genommen werden kann. Wir sehen, wenn wir zum blauen Himmel emporblicken oder auf das Meer hinausschauen, den Raum als eine ununterbrochene umgrenzte Erstreckung. Wohl pflegt man zu sagen: wir sehen ins Grenzenlose hinaus. Aber dies ist eine ungeheuerliche Übertreibung, wie uns die Selbstbesinnung sofort sagt. Der Raum hört, sei es daß ich meinen Blick sich in der Himmelsbläue verlieren oder in die Weite des Meeres schweifen lasse, für mein Sehen an absolut bestimmten Stellen auf. Das Grenzenlose ist eine Hinzutat, die aus der sich unwillkürlich dareinmischenden Einbildungskraft stammt. So überzeugend und zwingend es auch klingt, wenn der Verstand sagt: jede räumliche Stelle sei nur dadurch möglich, daß sie von Raum umgeben sei: so ist dies doch eine falsche Logik. Denn für unser Sehen ins unbehinderte Weite ist allüberall eine letzte Raumgrenze gegeben. So ist also eine absolut letzte Raumumgrenzung kein logisches Unding. Und so könnte ja auch das Urwesen, indem es die Urschau des Raumes vollzieht, den Raum als einen begrenzten Raum schauen.

Nur wenn man die Zeit und den Raum vom Urschauen des göttlichen Selbstbewußtseins ablöst, würden eine begrenzte Zeit und ein begrenzter Raum Widersprüche vernichtender Art in sich schließen. Wären Zeit und Raum reine Objektivität, wären sie ohne Zugehörigkeit zu einem Bewußtsein vorhanden, wären sie rein auf ihren objektiven Sachverhalt angewiesen, so würde allerdings unweigerlich jedes Jetzt nur als Fortsetzer eines früheren und als Vorläufer eines kommenden Jetzt und jedes Hier nur als umgeben von einem weiteren Hier existieren können. Zeit und Raum wären dann der über sich hinausweisenden Tendenz des Jetzt und Hier bedingungslos überantwortet. Das schämende Subjekt da-[182]gegen vermag sich abgrenzend, anfangend, endigend zu Zeit und Raum zu verhalten. Ist das schauende Subjekt empirischer, endlicher Art, so widerfährt ihm die erlebte Zeit und der geschaute Raum als ein in Grenzen Eingeschlossenes. Von dem absoluten Subjekt, dem schauenden Urwesen dagegen wäre anzunehmen, daß es von sich aus abgrenzend einzugreifen, der dem Jetzt und dem Hier innewohnenden Tendenz auf das Anfangs- und Endlose hin entgegenzutreten und so den progressus und regressus in infinitum an bestimmten Stellen abzuschneiden im Stande wäre. Und wie bei der Zeit, so wäre auch hinsichtlich des Raumes zu sagen, daß es für unser menschliches Denken und Begreifen ein schlechtweg irrationaler Akt ist, wodurch das Urwesen dem Weltraum gerade an diesen Stellen seine Grenzen gibt, gerade hier die Urschau des Raumes endigen läßt.

Ich weiß sehr wohl, daß mit dieser Auffassung starke Schwierigkeiten allgemeiner wie besonderer Art verbunden sind. Ich weise nur auf Folgendes hin. Die Frage drängt sich auf: was geht denn physikalisch an der absoluten Grenze des Raumes und in deren Nähe vor? Und weiter: was erleben denn solche Intelligenzen, die an den Grenzen des Raumes oder nicht weit von ihnen existieren? Wie stellt sich das Aufhören des Raumes ihrem Empfinden und Erfahren dar? Solchen Fragen gegenüber muß es dem Philosophen erlaubt sein, ohne Umschweife sein Nichtwissen zu bekennen.

5. Immerhin wird sich Folgendes sagen lassen. Die Urschau der Zeit und des Raumes ist kein isolierter Akt des Urwesens, sondern sie vollzieht sich in zweckvoller Übereinstimmung mit der Ursetzung der endlichen Iche. Es besteht eine wurzelhafte ideologische Einheit zwischen beiden Akten. Wer auf dem Boden einer solchen Metaphysik steht, [183] darf annehmen, daß sich das Hineinsetzen der individuellen Iche in Zeit und Raum so vollzieht, daß sich kein Widerspruch, keine Unverträglichkeit zwischen der Begrenztheit von Zeit und Raum und der Existenz der individuellen Iche ergibt. Es ist ja nicht so, daß eine fremde Macht den Weltraum bevölkerte und gemäß ihrer fremden Eigenart die Iche in ihn hineinsetzte; sondern es ist ein und dasselbe Urwesen, das den Weltraum aus sich heraus schaut und die endlichen Bewußtseine in ihm entstehen läßt. Es darf daher erwartet werden, daß zwischen der Begrenztheit des Weltraums und der Art, wie er mit Ichen besetzt ist, kein Konflikt entspringt. Wie dies freilich möglich wird, darüber auch nur Vermutungen anzustellen, erscheint mir unmöglich.

6. Wenn man daran festhält, daß die Zeit auf einer Urschau des Urwesens beruht, so ist hiermit auch das Problem der Teilbarkeit der transsubjektiven Zeit in die richtigen Wege geleitet.

Die Teilbarkeit der Zeit ins Endlose würde die Zernichtung der Zeit bedeuten. Man stelle sich vor: eine Sekunde zentillionenmal zerteilt; jedes Zentillionstel wiederum in eine Zentillion Teile geteilt und so immerfort weiter; und mit keiner noch so fortgeschrittenen Zerteilung wäre auch nur die leiseste Annäherung an das Ende des Zerfallens in Teile erreicht. Die ins Endlose teilbare Zeit wäre sonach die gänzliche Zerstiebung der Zeit, ihre absolute Selbstauflösung. Die Zeit wäre ein absolutes Auseinandergehen, ein Nichts.

Diese üble Sachlage wäre mit einem Male geschwunden, sobald man die Zeit auf einer Urschau des Absoluten beruhen läßt. Denn nun läge die Sache so, daß die Zeit (und vom Raume wäre das Gleiche zu sagen) so weit teilbar ist, als die Urschau des Absoluten sie teilbar sein läßt. Nicht nur für unser endliches Bewußtsein, sondern auch für das [184] absolute göttliche Bewußtsein gäbe es, wenn diese Vorstellung richtig ist, ein letztes, unauflösliches Jetzt (und ein letztes, unauflösliches Hier), eine absolute Jetzt- (und Hier-)Größe; nur daß diese für das absolute Bewußtsein nicht, wie für uns, endliche Intelligenzen, gegeben ist, sondern von ihm ursprünglich gesetzt, im Schauen geschaffen wird. Das absolute Bewußtsein schaut die Struktur der Zeit (und des Raumes) in die Zeit (und in den Raum) hinein; und zur Struktur gehört wesenhaft auch die Grenze der Teilbarkeit. Das Absolute setzt der fortschreitenden Teilbarkeit an absolut bestimmter Stelle ein absolutes Halt entgegen. Es handelt sich hierbei um einen für unser Begreifen absolut undurchdringlichen und in diesem Sinne irrationalen Schauungsakt Gottes. Man darf sich demnach nicht verhehlen, daß vom Standpunkte menschlichen Begreifens aus hier ein Willkürakt des Urwesens, ein Dekretieren: „hier ist es mit der Teilbarkeit zu Ende" vorläge. Allerdings bleibt der Gedanke unverwehrt: was dem menschlichen Denken als irrational, als Willkür-Akt erscheint, kann vom Standpunkt des vollkommenen Denkens die tiefste Weisheit bedeuten. Auch nur versuchen zu wollen, mit unserem Denken diesen verborgenen Sinn ans Licht zu ziehen, wäre töricht.

Hiernach wäre die zweite Kantische Antinomie, anders als bei Kant, zu Gunsten der Thesis entschieden. Jedoch kommt ein Kantischer Gedanke dabei zur Geltung: der Gedanke nämlich, daß Zeit und Raum nur soweit vorhanden sind, als sie von dem Bewußtsein, für das sie da sind, geschaut werden.

7. Was nun die Frage betrifft, wo die Urschau der Zeit und des Raumes der fortschreitenden Teilbarkeit ein Halt gebietet, so läßt sich darüber nur Folgendes sagen. Soweit [185] die Gliederung der Mannigfaltigkeiten reicht, die vom Urwesen in den absoluten Raum und die absolute Zeit hineingesetzt sind, so weit mindestens muß die Teilbarkeit reichen. Denn mit dem Aufhören der Teilbarkeit fällt selbstverständlich die Möglichkeit, der In-sich-Unterscheidung, der Gliederung, der Differenzierung des in Raum und Zeit Existierenden weg. Innerhalb des Hier und des Jetzt in der Urschau kann es zu keiner weiteren Unterschiedenheit des darin Existierenden kommen. Über die absolute Größe des absoluten Hier und Jetzt in der Urschau des Raumes und der Zeit ist hiermit freilich nichts gesagt.

Was im besonderen das absolute Hier anlangt, so legt sich die Frage nahe: könnte man nicht doch auf Grund der neuesten Untersuchungen und Hypothesen über den Fein- und Feinstbau der Materie zu bestimmten Vorstellungen über die Grenze kommen, jenseits welcher allererst in dem absoluten transsubjektiven Raum die Unteilbarkeit beginnen kann? Wenn sich die Naturwissenschaft bestimmte Vorstellungen über die außerordentliche Kleinheit der letzten Teilchen der „elektronischen Elementarsubstanz" bildet, und dabei zur Annahme von Erstreckungen gelangt, die weniger als den billionsten Teil eines Zentimeters betragen, so scheint damit zugleich unmittelbar gesagt zu sein, daß das unteilbare Hier in dem urgeschauten Raume jenseits dieser äußersten Kleinheit liegen muß. Bei Erich Becher finde ich die anschauliche Angabe, daß sich der Größe nach ein Wassermolekül zu einem Apfel oder Kinderspielball ungefähr so verhält, wie sich diese zu unserer Erde verhalten, und daß der Durchmesser eines Elektrons etwas mehr als ein Hunderttausendstel eines Wassermoleküls beträgt[112]. Falls dies richtig [186] ist, so müßte man annehmen, daß das absolute Hier im urgeschauten Raume eine noch geringere Erstreckung hat als jener unvorstellbar winzige Durchmesser.

Allein so einfach liegt (auch abgesehen von der Unsicherheit dieser physikalischen Errechnungen) die Sache denn doch nicht. Es wird bei jenem Schlusse von dem physikalischen Weltbild auf das im metaphysischen Raum Stattfindende die Voraussetzung gemacht, daß volle Übereinstimmung zwischen dem physikalisch Erschlossenen und dem Metaphysischen, dem im transsubjektiven Raum Existierenden besteht. Diese Voraussetzung aber ist keineswegs selbstverständlich. Es könnte ja statt Übereinstimmung bloße Entsprechung zwischen jenen beiden Seiten herrschen. Es würde dann dem physikalisch erschlossenen Weltbild bloß symbolische Bedeutung zukommen. Von vornherein ist nicht von der Hand zu weisen, daß das im transsubjektiven Raum Existierende und seine Veränderungen ein wesenhaft anderes Aussehen haben als die Moleküle, Atome, Elektronen der Physik. Ja an sich wäre es möglich, daß der transsubjektive Raum nur von Qualitäten durchflutet wäre und das physikalische Weltbild nur der in die Sprache des Quantitativen übersetzte räumliche Qualitätenkomplex wäre. Es darf sonach nicht, als wäre sie selbstverständlich, die Voraussetzung gemacht werden, daß die physikalische Welt der Moleküle, Atome, Elektronen die transsubjektive Raumwelt einfach wiedergebe. So ist es denn auch nicht gestattet, aus

---

[112] Erich Becher, Weltgebäude, Weltgesetze und Weltentwicklung (1915), S. 101, 120.

den Hypothesen über den Feinbau der Materie einen sicheren Schluß hinsichtlich des Beginnes der Unteilbarkeit im transsubjektiven Raume zu ziehen.

Ein ähnlicher Gedankengang ließe sich auch hinsichtlich des absoluten Jetzt einschlagen. Wie dort auf die kleinsten materiellen Teilchen, so wäre hier auf die größte Bewe-[187]gungsgeschwindigkeit zu achten. Wenn es richtig ist, daß die Lichtgeschwindigkeit ein Äußerstes darstellt, das nicht überschritten werden kann, so scheint zu folgen, daß in der urgeschauten Zeit das Jetzt eine derart kleine Erstreckung sein muß, daß das schauende Urwesen im Stande ist, die Bewegung des Lichtes von einem absoluten Hier in das folgende, von diesem in das weitere und so immer fort zu verfolgen. Wäre das absolute Jetzt eine so große Erstreckung, daß die Fortpflanzung des Lichtes von einem absoluten Hier in das folgende in dasselbe absolute Jetzt hineinfiele, so wäre es dem Urwesen unmöglich, die Lichtgeschwindigkeit zu schauen und schauend zu setzen. Es wäre dann also mit der Möglichkeit, die Bewegung des Lichtes von einem absoluten Hier in das sich unmittelbar anreihende Hier zu verfolgen, die Grenze bezeichnet, jenseits welcher allererst die Unteilbarkeit der absoluten Zeit einsetzen könnte. Doch erhebt sich gegen die Sicherheit dieser Folgerung dasselbe Bedenken, das vorhin gegenüber dem das absolute Hier betreffenden Gedankengang geltend gemacht wurde.

8. Wenn ich mit meinen Gedankengängen über Anfang und Ende der Zeit, über die Begrenztheit des Raumes, über die Unmöglichkeit der endlosen Teilbarkeit von Zeit und Raum im Rechte bin, dann könnte innerhalb der körperlichen Raum- und Zeitwelt von einer existierenden Unendlichkeit überhaupt nicht mehr die Rede sein. Es gäbe dann nur noch eine Unendlichkeit in der Form des Insichseins, der Innerlichkeit, eine Unendlichkeit des Geistes. Hegel pflegt von „schlechter Unendlichkeit" zu sprechen: er meint damit die Unendlichkeit des Quantitativen, die nie sich vollendende Endlosigkeit[113]. Wahrhafte Unendlichkeit gibt es für ihn al-[188]lein auf dem Boden des Insichseins, des in und mit sich vermittelten, in sich zurückgehenden, sich in sich rundenden Geistes. So weiß ich mich hier in Übereinstimmung mit Hegel; nur daß Hegel sich damit begnügt, die Endlosigkeit zu einer geringwertigen metaphysischen Kategorie zu machen,

---

[113] „Das Unendlichgroße und Unendlichkleine sind daher Bilder der Vorstellung, die bei näherer Betrachtung sich als nichtiger Nebel und Schatten zeigen" (Hegel, Logik; zu Beginn des Abschnittes „Die Unendlichkeit des Quantums"; Werke, Bd. 3, S. 279).

während nach meiner Auffassung die Endlosigkeit überhaupt aus dem Reiche der metaphysischen Begriffe ausgeschaltet werden müßte und ihr nur unter den formallogischen Denkmöglichkeiten ein Platz anzuweisen wäre.

Ausdrücklich setze ich die Bemerkung hierher, daß ich für diesen Abschnitt in besonderem Grade jenen Vorbehalt mache, den ich zu Beginn des achtzehnten Abschnittes dargelegt habe. Nur als eine mir erwägenswert scheinende Gedankenreihe lege ich das Voranstehende dem Leser vor.

XXI. DIE ZEIT UND DER SINN DES LEBENS

1. Auch solche sinnende Betrachter des eigenen Lebensganges, die nicht auf dem Boden des Glaubens an die christliche Vorsehung stehen, hört man oft, wenn sie in späteren Jahren ihr Leben überschauen, das Bekenntnis aussprechen: ihr Leben weise manche kausale Verknüpfungen auf, die das Aussehen einer planvollen Fügung, einer sinnvollen Schickung tragen und auf das Walten geheimnisvoller Mächte hinzudeuten scheinen. Manche Verwicklungen auf ihrem Lebenswege, die durch querlaufende Zufälle, durch törichte oder rohe Eingriffe, unter dem Druck seltsamer Umstände herbeigeführt wurden, erscheinen dem gereiften Rückblick vielmehr unter der Aufsicht gut und weise leitender Mächte gestanden zu haben. Wir glaubten, nur durch [189] blinde Notwendigkeit umgetrieben zu werden, durch die Ungunst der Verhältnisse in eine uns wesensfremde Bahn geworfen zu sein, während der Rückwärtsschauende von höherer Warte aus dankbar anerkennt, daß sich in all dem Hin und Her und Kreuz und Quer doch im Grunde ein gut meinendes, zu fruchtbringendem Ende führendes Schicksal offenbare. Wo wir ehedem unwillig murrten, sehen wir uns in der Rückschau zu dankbarem Ahnen, zu verehrendem Emporblicken gestimmt. Selbst Schopenhauer, der Verkünder des blinden Willens, bekennt in dem merkwürdigen Aufsatz „Transzendente Spekulation über die anscheinende Absichtlichkeit im Schicksale des Einzelnen", daß sich dem tieferen Sinnen in dem Wirrsal des Lebensstromes geheimnisvolle Zusammenhänge auftun, so daß uns das Leben wie ein wohldurchdachtes Epos erscheine[114].

Doch so zahlreich auch solche wundersame, nach heilsamer Absicht aussehende Knüpfungen in unserem Lebenslaufe sein mögen, so blei-

---

[114] Schopenhauer im ersten Band der „Parerga" (Reclam, Bd. 4, S. 231 ff.)

ben doch noch genug und übergenug Erlebnisse übrig, aus denen nur starre, zwecklose Notwendigkeit, vielleicht stumpfsinnige Furchtbarkeit, quälende Gräßlichkeit, erniedrigende Possenhaftigkeit zu uns spricht. Unzählige Menschen werden bei einem zusammenfassenden Überblick über ihre Schicksale und Erfahrungen die Aussage aufrecht erhalten, daß sie neben einigen sinnvollen weit mehr sinnlose, alberne Zustände erlebt haben, die nur Verwirrung und Niedergang zur Folge hatten; daß es neben einem veredelnden ein endgültig niederdrückendes Leid gibt, das uns zermürbt oder stumpf und starr macht. Wie oft brechen nicht Unglücksfälle, Krankheit, Tod dermaßen irrsinnig in unser Leben ein, daß man glauben könnte: im Hintergrunde der Dinge lauere ein Reich chaoti-[190]scher Dämonen. Gerade der Fromme legt hierfür ein unfreiwilliges Zeugnis ab: wenn er sich den Schrecknissen des Lebens gegenüber auf den „unerforschlichen" Ratschluß Gottes beruft, so liegt hierin das Eingeständnis, daß er sich, wenn er das Leben als Etwas betrachtet, das in seinem zeitlichen Verlaufe sinnvollen Zusammenhang offenbaren müßte, völlig außer Stande sehe, einen Sinn in dem vorliegenden Schrecknis zu entdecken. Um deswillen zieht er ja etwa eine gänzlich andere, überzeitliche Ordnung der Dinge heran.

Im besonderen denke man an die ausgesprochen tragischen Lebensläufe. Man fühle sich etwa in Hölderlins Jahrzehnte während geistige Umnachtung hinein oder in das lange Zeitstrecken hindurch von qualvollen Leiden erfüllte und in ein jämmerliches Ende auslaufende Leben Nietzsches oder selbst auch in Schillers künstlerisches Schaffen, das in seiner reifen Zeit in hartem Kampf mit schwerem Siechtum stand: wie soll, wenn nur der irdische, zeitliche Lebenslauf in Betracht gezogen wird, ein sinnvoller Zusammenhang aus dem Leben dieser hohen Menschen hervorleuchten? Oder man vergegenwärtige sich die grauenvolle Absurdität mancher Missetaten: etwa wie Winckelmann von einem Schurken, der von der Gier nach seinen ihm von Maria Theresia geschenkten Goldmünzen gepackt war, in seinem Zimmer überfallen und ermordet wurde. Aber man braucht nicht an solche große und größte Menschen zu denken. Wenn etwa ein ideal-gerichteter Jüngling im Weltkriege durch eine Verschüttung eine solche Nervenerschütterung erlitten hat, daß sein Geist dauernd auf die Stufe des Blödsinns herabgedrückt wurde: in welchen Gedankengängen soll man angesichts solcher Lebensläufe Hilfe und Rat suchen?

[191]   2. Die angestellte Betrachtung läßt sich verallgemeinern. Ich muß dabei an allerbekannteste Züge des menschlichen Lebens erinnern.

Der Eine wird in günstige, der Andere in ungünstige Verhältnisse hineingeboren. Der Eine wird von seiner Umwelt getragen; sie kommt seinem Streben, seinem Entwicklungsdrange hilfreich entgegen. Einem Anderen ist seine Umwelt überwiegend spröder Widerstand und aufreibende Hemmung. Für Unzählige wird von ihren Eltern in leiblicher und seelischer Richtung verständnis- und liebevoll gesorgt, während andere Unzählige von ihren Eltern leiblich und geistig verwahrlost werden. Hier ist der junge Mensch von edlen Vorbildern umgeben, während dort böse Beispiele die Entwicklung der jugendlichen Seele gefährden. Zusammenfassend läßt sich sagen: für Jedermann besteht die blinde, brutale Tatsache, daß sein Ich jetzt und hier, an dieser Stelle der kausalen Verflechtungen in das irdische Dasein gesetzt wurde. Vom Standorte des Irdischen und Zeitlichen aus angesehen, entbehrt diese Tatsache schlechtweg jeden Sinnes. Warum bin ich nicht zu einer anderen Zeit, in einer anderen Umgebung geboren worden? Wenn Jemand sagt: die Vorsehung habe Luther, Bismarck zu rechter Zeit geboren werden lassen, so ist damit zugleich gesagt, daß das Jetzt und Hier ihres Geborenwerdens nur durch Heranziehung einer übersinnlichen Welt einen Sinn erhalte.

Noch eine wichtige Hinzufügung muß ich hier machen. Für jedes Ich ist auch dies eine blinde, rein zufällige, sinnlose Tatsache, daß es sich gerade an diesen Leib gekettet und mit diesen bestimmten seelischen Anlagen ausgestattet vorfindet. Dem Einen ist sein Leib mit seinen Schwächen und seinem Eigensinn, mit seinem Allzuwenig und Allzuviel eine unausgesetzte Hemmung; seine Leiblichkeit macht ihm [192] beständig zu schaffen. Einem Anderen ist sein Leib ein prächtiges Organ, das ihm jederzeit förderlich und bequem zur Verfügung steht. Für Viele bedeuten ihr Temperament, ihre Triebe, ihre Leidenschaftsanlagen eine beständige Versuchung, eine Gefahr, ins Niedrige, Häßliche, Tierische herabgezogen zu werden, während Anderen die Richtung auf Maß und Wohlordnung mit auf den Lebensweg gegeben ist. Wie soll für dies Alles in dem zeitlichen Lauf der Dinge eine Rechtfertigung gefunden werden?

3. Man sieht, worauf meine Darlegung abzielt. Wohl ist der Lebensgang mancher Menschen reich an sinnvollen Zusammenhängen. Daneben aber finden sich unzählige Lebensläufe mit schreienden Sinnlosigkeiten. Was aber das Wichtigste ist: bei Jedermann zeigt der Lebenslauf gewisse grundlegende Beschaffenheiten, die der Natur der Sache nach blinde Tatsachen sind, die jedes Sinnes ermangeln.

Nun kann man hierbei stehen bleiben und sein Fühlen und Denken dabei beruhigen, daß das menschliche Leben eben nun einmal in der Hauptsache ein blinder Verlauf sei. Und so gibt es ja genug Dichter, die in ihren Dichtungen die Grundstimmung walten lassen, daß das Leben ein trübes, müdes Wirrsal, ein sinnleeres Hin und Her sei. Besonders die russische Literatur ist reich an Dichtern, die in der Erzeugung dieser Stimmung Meister sind.

Anderen ergeht es anders angesichts dieser Grundbeschaffenheit des irdischen Lebens. Sie werden unwiderstehlich von der intuitiven Gewißheit ergriffen, daß es bei der gekennzeichneten Sinnlosigkeit des Lebens nicht sein Bewenden haben könne. Wir erleben eine Auflehnung der tiefsten Tiefe unseres Wesens, wenn uns zugemutet wird, in der Gekettetheit unseres Ich an blinde, rohe Tatsachen, an eigensinnige, herrische Zufälligkeiten ein für uns Letztgültiges anzuer-[193]kennen. Die intuitive Stimme spricht dann etwa so: mein selbstbewußtes, vernunftvolles Ich, meine strebende, sittliche Persönlichkeit, meine in heiliger Liebe nach dem Göttlichen verlangende Gemütstiefe müßte sich selbst aufgeben, sich als in Wahn und Unsinn lebend betrachten, wenn für mein Ich mit dem irdischen Dasein Alles erschöpft wäre, wenn es für mein Ich kein Darüberhinaus gäbe, wenn dieses jämmerliche Stückchen Erdendasein für mein Ich das Ganze wäre, in dem es sich zu beruhigen hätte. So wahr ich Selbstbewußtsein, Selbsttätigkeit, Vernunftwesen, Persönlichkeit bin, so wahr ist es, daß mein Lehen für mich ein in sich geschlossenes Ganzes bilden muß. Dieses von zufälligen Tatsachen beherrschte, schlechtweg unganze Leben kann unmöglich für mich das wahre Leben sein! Ich könnte daher mit begrifflich zugeschärftem Ausdruck sagen: im Namen der Ganzheit fordere ich in intuitiver Gewißheit, daß es für mein Ich ein Hinaus über das irdische Dasein geben müsse, da nur auf diese Weise mein Ich zur Ganzheit kommt.

4. Unsere Betrachtungen haben uns mitten in das Unsterblichkeitsproblem hineingeführt. Doch kann es nicht meine Absicht sein, dieses Problem hier von Grund aus zu erörtern oder auch nur vielseitig zu beleuchten. Diese Frage ist nur darum hier hereingezogen worden, weil die theoretisch-metaphysischen Erörterungen, welche die vorausgegangenen Abschnitte füllen, zu Stützung der intuitiven Gewißheit, der ich soeben Sprache gegeben habe, dienen können. Wenn wirklich das zeitliche Werden einen Anfang und ein Ende hat, wenn die Zeit schließlich auf der Urschau des Absoluten beruht, und wenn es ein überzeitliches Geschehen und Leben

gibt, so drängt sich von selbst der Gedanke auf, daß unser zeitliches Dasein wurzelhaft einem überzeitlichen Reiche, einer überzeitlichen Ordnung der Schicksale eingeglie-[194]dert sei, daß die blinden Verkettungen und absurden Abhängigkeiten, in denen wir in diesem Leben stehen, durch die Zugehörigkeit zu dem überzeitlichen Reiche in einen sinnvollen Zusammenhang aufgelöst werden. Die Fortdauer nach dem Tode und eine etwaige Präexistenz wären dann nicht als eine zeitliche Erstreckung zu denken. Mein zeitliches Ich wäre dann gleichsam umfangen von einer überzeitlichen Sphäre. Mein zeitloses Ich würde dann gleichsam das Reich der Zeitlichkeit schneiden, und die Schnittfläche wäre dann mein empirisches, zeitliches Ich. Gemäß dem Postulate von dem zeitlosen Geschehen wäre dieses überzeitliche Ich nicht als eine sich gleichbleibende, einförmige Wesenheit zu denken, sondern als lebendige Tätigkeit, nicht also als ein Komplex von idealen Sachverhalten oder logischen Kategorien.

Ich lasse unerörtert, wie weit die Metaphysik in ihren Hypothesen über den hier versuchten Ausblick hinauszugehen vermag. Keinesfalls enthalten die hier gepflogenen Erörterungen über die Zeit hinreichend Anhaltspunkte, um etwas Bestimmteres über die Entwicklung und die Schicksale des Ich in seiner überzeitlichen Daseinsform auszusagen.

5. Noch bleibt übrig, auf die Entwicklung der Kultur den Blick zu lenken. Nicht von allen Gebieten des geistigen Lebens und Schaffens läßt sich, wenn man ehrlich gegen sich ist und in seinem Urteilen nicht von unsachlich-optimistischen Gefühlen bestimmt wird, behaupten, daß sie eine Entwicklung in strengem Sinne des Wortes aufweisen. Ich verstehe aber unter Entwicklung in strengem Sinne ein Anderswerden mit dem Charakter stetigen Fortschreitens, ein Anderswerden als stetig wachsendes Vollkommenerwerden. Was sich wahrhaft entwickelt, nähert sich stufenweise einem (wenn auch nie völlig erreichten) Vollkommenheits-[195]ideale an. Entwicklung schreitet von niederen zu höheren Stufen fort.

Wenn man Entwicklung in diesem strengen Sinne nimmt, so sind es zweifellos die beiden Gebiete der Wissenschaft und der Technik, von denen am unbestrittensten zugegeben wird, daß hier eine solche Entwicklung wahrzunehmen ist. Und umgekehrt der schärfsten Skepsis dürfte die Behauptung begegnen, daß sich die Menschheit in unaufhaltsamer moralischer Entwicklung befinde und die Wandlungen der Kultur mit einer Zunahme an Reinheit der Gesinnung, an Gewissenhaftigkeit, an Güte und Liebe Hand in Hand gehen. Man braucht nicht Pessimist in der Art Schopenhauers zu sein, um dem Glauben an den moralischen Fortschritt der Menschheit, wie selbst Kant getan hat, mit starkem Mißtrauen gegenüberzustehen. Am ehesten wird sich noch hinsichtlich der öffentlichen Pflege der menschlichen Wohlfahrt, hinsichtlich der Einrichtung sozialer Organisationen von einem Besserwerden reden lassen. Allein es wäre übereilt, von dem Schaffen sozialer Einrichtungen auf eine entsprechend starke Zunahme von Menschengüte und Nächstenliebe zu schließen. Und wenn man darauf hinweist, daß die rohen, barbarischen Unmenschlichkeiten und Grausamkeiten, die handgreiflichen Teufeleien der Bosheit abgenommen haben, so ist dem gegenüber geltend zu machen, daß dafür feinere, verwickeltere Laster, versteckere, innerlichere, aber um so künstlichere, feinschmeckerischere und giftigere Verderbtheiten die Seele der modernen Menschheit zerfressen. Dieses ziellose moralisch-unmoralische Auf und Nieder kann uns unmöglich als eine Endgültigkeit erscheinen. Der Glaube an die Macht und den Sieg des Guten ist mit unserem Fühlen so unauflöslich verknüpft, daß sich in uns die intuitive Gewißheit erhebt: es könne bei jenem fortschritts-[196]losen Wechsel des moralischen Zustandes der Menschheit unmöglich sein Bewenden haben. Und so drängt sich uns der Gedanke auf, daß der Werdegang der Menschheit eingegliedert sei in eine übersinnliche, gänzlich andersartige Welt, in ein Reich zeitlosen Geschehens, Lebens und Wirkens, und daß das trübe Hin und Her, das den moralischen Zustand der Menschheit kennzeichnet, von der Höhe dieser transzendenten Ordnung der Dinge betrachtet, Berechtigung und Sinn empfangen. Vielleicht erscheint dann das irdische Menschheitsdrama als eine Episode innerhalb eines allumfassenden Weltplanes. Wir stehen hier vor dem Thema der großen Religionen. Aber auch philosophische Spekulation hat in dieses überweltliche Dunkel durch Verbindung von Dialektik und Intuition Licht zu bringen versucht. Ich denke an Jakob Böhme, Franz von Baader, aus der Gegenwart an Max Scheler. Aber auch Eduard von Hartmanns Metaphysik gehört in diesen Zusammenhang. Auch an den Spott und Haß, mit dem Kierkegaard diejenigen überschüttet, die bei dem diesseitigen, immanenten weltgeschichtlichen Drama stehen bleiben[115], kann erinnert werden. Und ebenso haben tiefschauende Dichter — Dante, Goethe, Byron — das Weltdrama, in das der Werdegang der Menschheit eingeordnet ist, uns vor die Phantasie gebracht. Mir liegt es fern, an das Wagnis eines solchen Versuches heranzutreten. Ohnedies kann es sich in dem hiesigen Zusammenhang nur darum handeln,

---

[115] Sören Kierkegaard, Gesammelte Werke; übersetzt von Schrempf; Band 6, S. 233f. und oft.

den Ausblick auf Einordnung des menschheitlichen Werdeganges in eine überzeitliche Ordnung des Geschehens als etwas hinzustellen, was sich dringend nahelegt, wenn wir uns nach einer durchgreifenden moralischen „Entwicklung" der Menschheit umsehen.

[197] 6. Es gibt genug Skeptiker und Realisten, denen der Gedanke keine sonderlichen Beschwerden bereitet, daß der Werdegang unserer Kultur keinen entschiedenen moralischen Aufstieg aufweist und die mannigfaltigen moralischen Wandlungen, die in unserem Kulturleben hervortreten, nur die Außenwerke, nicht den Kern des Moralischen betreffen. Dagegen ist ein anderer sich auf die Entwicklung der Menschheit beziehender Gedanke von so erschütternder Furchtbarkeit, daß selbst der nüchternste Diesseitsmensch durch ihn veranlaßt werden kann, seinen hoffenden Blick dem Transzendenten zuzukehren. Wie die Menschheit einstmals ihren Anfang genommen hat, so wird es dereinst auch mit ihr zu Ende sein. Ihr Schicksal ist an das Schicksal dieses unseres Planeten geknüpft. Unsere Kultur ist bestimmt, dereinst zu verlöschen. Nichts, rein Nichts von ihr wird übrig bleiben. Es wird so sein, als ob sie überhaupt nicht dagewesen wäre.

Wenn man auf Worte dieses Inhalts nicht nur mit halbem Ohre hinhört, sondern sich in ihre Bedeutung, ihre Tragweite, ihren Abgrund hineinlebt, so sind sie für das Grundgefühl, das wir als strebende und Werteschaffende Geistwesen haben, von geradezu vernichtender Wucht. Durch viele Jahrtausende übergab jedes Geschlecht dem folgenden seine geistigen Errungenschaften, damit dieses sie sich einverleibe und sie weiterführe, um dann die so weitergeführte Errungenschaft dem kommenden Geschlecht zufließen zu lassen. Damit wird es dann einfach vorbei sein. Unsere Kultur ist bestimmt, von dem reinen Nichts abgelöst zu werden. Sie hört fortsetzungslos, nachwirkungslos einfach und schlechtweg auf. Es ist kein Geschlecht da, an das sie weitergegeben werden könnte.

Sollte dies wirklich das letzte Wort in Sachen unserer [198] Kultur sein? Soll wirklich das zeitliche Ende des menschheitlichen Geisteslebens überhaupt sein Ende bedeuten? Wenn es sich wirklich so verhielte, dann würde alles Kämpfen und Schaffen der Menschheit vergeblich gewesen sein. Ein unerhörter Aufwand edelster Bemühung, hingebendster Arbeit wäre getrieben worden, um schließlich in das reine Nichts zu verpuffen. Das erhebende, stärkende Bewußtsein, einem hohen Ziele entgegenzustreben, wäre Wahn und Illusion gewesen. Alle Schönheiten und Herrlichkeiten, alle Schöpfungen der Weisheit, Güte und Liebe, alle Heldentaten und Erlösungsverkündigungen wären, wenn das Nichts den Schluß bildete, nur Dekorationsstücke einer grotesken Posse.

7. Angesichts dieser unüberbietbaren Sinnlosigkeit wird in uns die intuitive Gewißheit laut und mächtig: unmöglich können die Ergebnisse des menschheitlichen Ringens und Schaffens einfach in das Grab des Nichts sinken; irgendwie müssen sie in einen höheren Zusammenhang nachwirkend, fruchttragend eingehen[116]. Und da bietet sich denn wiederum der Gedanke vom zeitlosen Geschehen, Leben und Wirken dar. Nur innerhalb der Zeitwelt werden die menschheitlichen Schöpfungen verschwinden, ohne irgend einen Ertrag zurückzulassen. Die menschheitslose Erde mag ihrem Geschick entgegentreiben. Aber in der überzeitlichen [199] Ordnung des Geistes findet das hier auf Erden von der Menschheit Errungene seine weitere Verwertung. Das Große, Tiefe und Schöne, was der Menschengeist hier geschaffen, wird als fruchtbares Moment in das Reich zeitlosen Geschehens hinaufgehoben.

Freilich muß man den Boden des Pantheismus verlassen, um diese Vorstellung zu verwirklichen. Denn wenn es außer der Raum- und Zeitwelt nur noch ein sich gleichbleibendes, aller lebendigen Tätigkeit lediges Absolutes gibt, wie es die substantia Spinozas oder das Absolute im Sinne von Schellings Identitätsphilosophie oder Hegels absolute logische Idee oder das in naturalistischer Art gedachte All-Leben als Inbegriff aller Naturkräfte und Naturgesetze ist: dann kann keine Rede davon sein, daß im überzeitlichen Sein irgend eine Spur von Menschheit und Kultur zurückbleibe und weiter wirke. Der Menschheitsgeist würde, wenn er auf Erden verschwunden wäre, in das gleichförmige, entwicklungslose Absolute untertauchen, ohne daß auch nur der allergeringste Einfluß des untertauchenden Menschheitsgeistes auf das Absolute angenommen werden dürfte. Für das Absolute wäre es gänzlich gleichgültig, ob ein Verschwinden des Menschheitsgeistes in der Tiefe des Absoluten stattgefunden habe oder nicht.

---

[116] Selbst Wilhelm Wundt, der als Metaphysiker äußerste Zurückhaltung an den Tag legt, sieht sich angesichts der Gewißheit, daß „die Entwicklung der Erde als Wohnstätte der jetzt lebenden Menschheit", wie sie einen Anfang gehabt hat, „ohne allen Zweifel auch einmal ein Ende haben wird", vor einen „Abgrund" gestellt (System der Philosophie, 2. Aufl. [1897], S. 428f.). In diesem Gedanken liegt für ihn die Triebkraft, die ihn von dem sittlichen Menschheitsideal zur Gottesidee weiterträgt. Er gliedert das Menschheitsideal in die allgemeine Idee des „absoluten sittlichen Weltzwecks" ein. Zuhöchst steht ihm „eine unendliche sittliche Weltordnung" (S. 663, 671).

Soll der dereinst zu Grunde gehende Ertrag des Werdeganges des menschheitlichen Geistes irgendwie weiterwirken, weiter zur Verwertung kommen, so kann dies nur auf Grund der Annahme geschehen, daß im Überzeitlichen nicht unlebendige Gleichförmigkeit herrsche, sondern daß das Absolute den Mittelpunkt in einer Sphäre überzeitlichen Geschehens und Lebens bilde. Auf diese dem (auch in sich selbst bei aller Wandellosigkeit lebendigen) Absoluten zugeordnete Sphäre des zeitlosen Geschehens kommt es an: [200] in die zeitlose Entwicklung dieser Sphäre würden — so hat man sich vorzustellen — die Großtaten und Idealschöpfungen des menschheitlichen Geisteslebens irgendwie einfließen, ihr irgendwie zu Gute kommen, irgendwie zur fruchtbaren Verwertung in ihr gelangen. In dieser zeitlosen Überwelt lebendigster Art würde der Ertrag der menschheitlichen Kultur seine Vertiefung und weitere Durchgeistigung finden. Bei diesem unbestimmten Ausblick muß es hier sein Bewenden haben. Über das Wie der Verwertung des wesenhaften Ertrages des menschheitlichen Geisteslebens und Geistesschaffens in der Sphäre des überzeitlichen Geschehens und Wirkens etwas Bestimmtes zu sagen, dazu fehlen der menschlichen Vernunft wie der menschlichen Schaukraft wenn nicht überhaupt die Mittel, so doch in dem Zusammenhang dieser Erörterungen die zu einem solchen Wagnis nötigen Grundlagen.

Man sieht: der Immanenzstandpunkt ist nicht im Stande, den Sinn des Lebens zu retten, oder bescheidener gesprochen: Befriedigendes über den Sinn des Lebens zu sagen. Das Versinken in den Urschoß des All-Einen reicht weder aus, um das Leben des Einzelnen, noch um das der Menschheit zu einer sinnvollen Wirklichkeit zu gestalten. Man muß entschlossen ins Transzendente greifen und das Göttliche nicht als eine sich gleichbleibende, unbewegt in sich ruhende Substanz, sondern als ein freilich für uns unfaßbares Reich zeitlosen Lebens und Wirkens, als eine Sphäre zeitloser Entwicklung ansehen. Dann erscheint der Werdegang des menschlichen Geistes als zugehörig zu der (dem philosophischen Denken freilich verborgen bleibenden) Teleologie des überzeitlichen Geschehens. Wenn man das Überzeitliche als das Ewige bezeichnet, darf gesagt werden: das zeitliche Geschehen erhält Sinn erst durch Einordnung in das ewige Geschehen.

www.ingramcontent.com/pod-product-compliance
Lightning Source LLC
Chambersburg PA
CBHW060859170526
45158CB00001B/412